杨士军 王德耀 主编

# 环保：生存之道

（第二版）

复旦大学出版社

## 内容提要

　　21 世纪的环境教育应该体现时代特征，反映人文思想，昭示人类文化的觉醒与进步。全书选取 8 个专题，分别讲述全球变暖、海洋环境、湿地保护、循环经济、节能减排、环境与健康、环境管理以及生态文明等。

　　本书体例新颖，设计科学，视角独特，内容饱满，可读性、知识性和普及性强。作为环境科学和环境保护的科学普及读本，本书"重在环保理念和环保践行"，引导公众重新认识和建构环境文化价值体系，追求全球环境教育的推进和环境保护意识的增强，倡导"推进生态文明，建设美丽中国"。

# 本书编写成员

## 主 编

杨士军　王德耀

## 编 写

杨士军　刘育蓓　盛　华　张心圣

杨玉东　陈克明　贺小燕　刘　伟

严晓丽　赵禧琳

唯有了解，我们才会关心；

唯有关心，我们才会行动；

唯有行动，生命才有希望。

——珍·古道尔

# 再 版 前 言

步入21世纪，环境问题备受关注，已经成为关系国计民生、社会稳定、经济可持续发展的头等大事。"改善环境质量，践行生态文明"是一项系统工程，涉及社会生产和生活的方方面面，有赖全社会的共同参与。本书第一版在2009年出版，当时的编者团队主要考虑是对高中生进行必要的环境教育。这本涵盖若干专题的"重在环保理念和环保践行"的读本正式出版后，也受到公众的关注和认可，甚至有些地方在干部培训时把此书作为深度阅读资料。

2015年伊始，我们对第一版图书进行必要的修改、补充和完善：根据读者反馈和编者团队的认真讨论，我们修改了部分专题的名称和内容；根据国家有关标准规范使用了一些引文资料；补充和更新了有关的数据和图表；完善了第一版图书中存在的一些疏漏或疑问。

第二版图书共分八个专题，分别讲述全球变暖、海洋环境、湿地保护、循环经济、节能减排、环境与健康、环境管理以及生态文明等问题。编写时力求突出科学性、可读性和实效性，为此，我们在编写体例上也动了一番脑筋，其中引用的图文资料旨在引导读者对相关问题作更为深入的探究，比较多的"STS"项目则倡导读者在理性学习的过程中，有积极而可行的实践参与或体验，进而提升对于"个人其实就是改善环保的主力军"的认识。

2015年初，央视前主播柴静拍摄的题为"苍穹之下"、时长103分钟的纪录片所揭示的中国当前生态环境问题，令人揪心，更发人深省。十八届三中全会提出"建立系统完整的生态文明制度体系"的承诺，同样掷地有声！本书作为环境科学和环境保护的普及读本，在一定程度上，也想通过对公众环境道德文化层面的关注，提高全社会的生态文明自觉行动能力。

我们所有的善都会回到我们身上，在追求并创建"生态文明，和美中国"的道路上，我们坚信今天在环保上的举手之劳，必将在明天得到更多的回馈！

编　者
2015年7月

# 第一版前言

中学时代洋溢着青春灿烂，人生的航帆在此升起，对未来充满着美好的憧憬。我们的社会、家庭和学校在对中学生传授知识、开展教育的同时，应更多地考虑让他们获取思想的阳光，接受文化的熏陶，熟悉我们的地球，了解世界每天发生的重大事件，以增强未来意识和社会责任。地球是人类的家园。从科学的层面对学生开展环境文化的教育极为重要，它将为启发学生的自我文化的觉醒、建立环境审美、自觉立人、成为合格的公民打下良好基础。目前，我们正在开展的中学环境教育，还没有真正从文化的视角来分析其教育的意义和实施的途径，也正因为这一点，就环境教育总体而言，尚缺乏深厚的文化积淀。笔者认为，21世纪的环境教育应该体现时代特征，反映其人文思想的意义，并能昭示人类文化的觉醒与进步。本书试图将环境教育放置到思想文化的空间中来审视，以期探索适应中学生素质教育、开启学生环境心智的成功教育之路。

今天，我们环顾四周，工业文明造成的众多环境问题，已使我们生活的地球险象环生，失去了本有的美丽，同时也限制了人类生存的空间，把丰富多彩的人类社会生活逼入了环境危机的"死胡同"，它带给我们更多的是苦恼和无奈。科学家为此忠告：人类必须理性地觉醒，重新认识和建构环境文化价值体系，以全新的物质文化、制度文化与精神文化的良性建设去克服各种危机。需要用系统论、信息论和控制论的现代科学思维方法，综合各种技术手段，去认识和分析地球生态系统。过去那些头痛医头、脚痛医脚的办法，现在看来是事倍功半、顾此失彼的；以邻为壑的办法，更不可取。全球环境教育的推进和环境保护意识的增强，应该说是比较积极主动的措施，特别是从社会文明的角度认识到教育和文化的相互关系，才能达到一种极致，能够做到这一步，无疑是人类科学思维的重要进步。

党的十八届三中全会提出："推进生态文明，建设美丽中国。"这一具有里程碑意义的决策，把环境保护摆上了事关经济社会发展全局的战略位置，为倡导绿色生活、绿色文明指明了方向。

人法地，地法天，天法道，道法自然。人类对自然生态的道德期望须与其对自然生态的道德责任相联系，人与社会、自然之间必须建立一种亲近与和谐，以此限制、消除人们对自然生态的漠视和破坏，我们之所以能认识自然、改造自然、获得自然，以及正确处理人与人之间的关系并维持自身的发展，皆由于人类拥有文化的力量。

本书编写理念力求：体例设计科学新颖，视角独特，内容饱满，可读性、知识性、普及性强，试图引导大家饶有兴趣地学习环境保护知识，养成对可持续发展的良好态度、情感和价值观，也试图帮助大家理解"环保——生存之道"的哲学内涵，激活并科学谨慎地思维。我们更期盼大家在学习本书以后，对个人环境文化科学素养的养成或集体今后的决策能有所帮助。本书也参考并引用了部分媒体公开发表的图文资料，对于由此涉及的原作者，我们深表谢意！感谢陈胜庆、居德田、周云庭等老师对本书编写给予的热情指导和鼓励。

由于编著者的水平有限和编写周期短暂，书中不足之处恳请赐正，以期臻于完善。

王德耀

# 目　录

# 专题一　杞人忧天

🔈**声音**

"以全球变暖为代表的生态灾难已经取代战争成为人类最大的威胁，战乱威胁的是一个国家或地区，而全球变暖影响的是全世界和全人类。拯救环境的人，正是给全人类带来和平的人。"

——奥斯陆国际和平研究所主任斯坦·滕内森对戈尔和政府间气候变化专门委员会（IPCC）获得2007年度诺贝尔和平奖的评价

## 1. 事实还是哗众取宠？

人类活动对大气环境的影响在今天已变得越来越普遍，其中有全球性的气候异常，也有局部地区的气候变化，而全球日益暖化、臭氧层的破坏以及酸雨污染问题，更成为困扰人类发展的三大全球性大气环境问题。

　　拂晓的朝霞越过山峰洒在位于美国蒙大纳国家冰川公园的湖上。蒙大纳国家冰川公园建于1910年，当时它拥有150座冰川，由于气温的上升，冰川快速缩小，而今残留下来的已不足30座。

在过去几十年和几百年间，以全球变暖为主要特征，全球的气候与环境发生了重大变化。过去140年间全球平均升温0.6摄氏度，为过去1 000年中最暖的时期。大气中温室气体含量迅速增加，比工业化前增加了三分之一以上。这些地球气候与环境的变化主要由人类活动造成。据政府间气候变化委员会评估报告的预测，未来全球将以更快的速度持续变暖。

## 数据库

20世纪全球的平均气温大约攀升了0.6摄氏度。北半球春天的冰雪解冻期比150年前提前了9天，而秋天的霜冻开始时间却晚了10天左右。

## 声音

本世纪最初10年被认为是160年来最热的10年。有史以来最热的15个年份14个发生在21世纪，其中2014年可能成为最热的年份。

——世界气象组织秘书长米歇尔·雅罗2014年12月指出

## ◆ 海平面在20世纪平均上升了10～20厘米

在地球长期的地质史上，海平面曾经上升和下落过许多次。根据IPCC的调查，全球平均海平面在20世纪上升了10～20厘米。IPCC的2001年度报告指出，海平面到本世纪末可能上升10～89厘米。这种上升可能会对沿海居民造成重大影响。海平面上升50厘米会直接导致海岸线后退50米。

海平面上升，加重海岸侵蚀。入海河流水量的减少，将加重河口盐水入侵，海平面上升和入海河流泥沙量的减少，将加剧海岸侵蚀，河流三角洲会增长减缓，甚至衰退，海岸低地被淹的范围将可能随之增加。

全世界大约1亿居民居住在平均海平面1米之内的区域。海平面仅仅上升10厘米，就可能淹没许多南太平洋海岛，美国的佛罗里达和路易斯安那都将处在危险之中。印度洋岛国马尔代夫的最高海拔仅仅为2.5米，围绕首都马累的一道防波堤建筑一直受到上涨潮汐的攻击。

## ◆ 生物的生理时间提早了

研究发现，许多欧洲植物的开花时间比之在20世纪50年代时提早了一个星期，而落叶时间却推后了5天左右。

生物学家报告，许多鸟和青蛙的繁殖时间也比正常季节提前了。对北半球35种不迁移蝴蝶的活动地带分析表明，其中2/3比之在几十年前向北延伸了3.5~240千米。

随着一些藻类和附着的有机体的消失，在风平浪静、阳光充足的日子里，水温上升到29.5摄氏度以上，全世界的珊瑚礁都呈现出变白的趋势。科学家担心，迅速的气候变化可能会抑制许多物种在这种复杂的相互依赖的生态系统之内的适应能力。

**链接**

### 地球并未变暖

以俄罗斯科学院院士、圣彼得堡北极和南极科研所教授孔德拉季亚夫为首的科研小组，在分析研究了1959年到2000年间北极地带温度变化的数据后得出结论：在高纬度地带不断发生着热能的再分布，因此，从整体上说最近几十年里地球并没有变暖。

该小组的研究发现，从整体上看，下层的一定高度内大气变暖了，但对流层上层和平流层的大气变冷了。研究小组认为，在北极地带垂直方向存在着一种热量再分布机制，若大气层下层变暖了，上层立即对此作出反应，开始变冷来补偿下层的变暖。

资料显示，地球大气层中这种温度变化的分水岭或者平均能量水平处在平流层中层，这里的温度是周期性变化的。在1959年到1979年期间平均能量水平低（变冷了），在1980年到2000年期间平均能量水平高（变暖了）。若大气层中这样的周期性现象确实存在，那么今后20年内将出现地球变冷现象。

对全球变暖还有下列其他看法：

◎ 实际上，地球46亿年来不断经历温暖化与寒冷化，海平面有升有降，二氧化碳水平也时高时低，有的时代二氧化碳水平甚至远高于现在的水平，并不是固定不变。既然气温、海平面、二氧化碳水平都是不断变化的，而近几十年气温、海平面和二氧化碳水平的变化完全在自然变化范围内。现在试图让地球的温度保持一定的"防止全球变暖"行为违反了自然规律。

◎ "平均气温"应当以什么时代的气温作为标准也是含糊不清的，且不说数十亿年的地球史，就是在近两千年的人类历史中，也出现了中世纪温暖时期和小冰期这两种平均气温极端对立的情况，在没有确定什么气温才算标准时去谈"防止全球变暖"并不合理。

◎ 海平面在数万年来一直在上升，与人类活动关系不大。最初，亚洲与美洲、日本和台湾岛与亚洲大陆、英国与欧洲大陆都连在一起，海平面上升后才被分开，因此，将海平面上升的主要原因归咎于人类也是不合适的，这是缺乏科学常识的体现。

# 2. "后天"还是"暖冬"？

## ◆ 南北极首先遭殃

在北极，这种变暖气候的影响已出现苗头。沿海的当地社区报告，越来越短的海水结冰期已无法调节海洋风暴以及它们所带来的破坏性的海岸侵蚀。当永久冻结带的融化给道路和其他下部构造带来严重破坏时，冰雪融化的增加也导致河水上涨，一些居民社区不得不从历史的海岸线上搬走。

海冰的消失将毁灭一些适应了这种环境的物种，譬如北极熊、北极环斑海豹和南极企鹅。

当两极冰雪消融，我们还能找到新世纪的诺亚方舟吗？——南极附近海域浮冰不断增多。

## 声音

"这次游泳既是胜利，也是悲剧。"

——呼吁世人关注全球变暖问题的英国冒险家刘易斯·戈登·皮尤曾于2007年7月15日用时18分50秒在北极零下1.8摄氏度的水中游完1千米，成为历史上在北极游泳的第一人。他认为，自己挑战成功可谓胜利，但北极竟已暖到可让人游泳则是一出悲剧。

## ◆ 沿海低地和部分岛屿被淹

全球有40个左右小岛屿发展中国家和领土，它们面临着许多不利处境，包括资源种类缺少、经济上被孤立、土地和海洋环境退化，以及因气候变化而可能引起的海平面升高问题。应地球问题首脑会议的要求，联合国于1994年在巴巴多斯召开了"小岛屿发展中国家可持续发展全球会议"。会议强调了小岛屿发展中国家面临的经济和生态脆弱性问题，并通过了一个议程（即《关于小岛屿发展中国家可持续发展的巴巴多斯议程》）。该议程阐明了各国政府及国际社会需要采取的各种政策、行动和措施，以支持这些小岛屿发展中国家的可持续发展。

**链接**

### 图瓦卢举国移民

位于太平洋的图瓦卢是由9个环状珊瑚礁岛组成的岛国，国土总面积26平方千米，海拔最高点是4.5米，人口约11 000人。由于全球"温室效应"加剧，海平面上升，图瓦卢的低洼国土被海水淹没，侵入的海水盐分危及岛上的饮用水及粮食生产。由于海岸受海水的侵蚀，构成该岛国的9个岛屿面积正在迅速缩小。图瓦卢的领导人承认在与不断上升的海平面的斗争中失败，宣布将放弃他们的祖国。2002年开始图瓦卢只得举国移民新西兰。

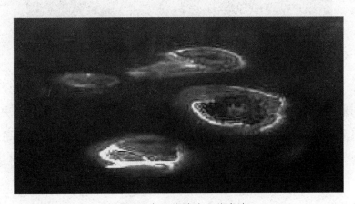

岛国图瓦卢面临被淹没的危险。

### ◆ 极端天气情况更加频繁

海洋循环系统主要通过移动热带热量到地球各地来调节全球气温，全球变暖可能通过融化冰川导致淡水的注入而改变这个系统的平衡。

气候模型表明，全球变暖可能导致更加频繁的极端天气情况。强烈的飓风和猛烈的风暴还会威胁到沿海社区，而热浪、火灾和天旱也可能变得更加普遍。降水分布也发生了变化。大陆地区尤其是中高纬地区降水增加，非洲等一些地区降水减少。有些地区极端天气气候事件（厄尔尼诺、干旱、洪涝、雷暴、冰雹、风暴、高温天气和沙尘暴等）的出现频率与强度正在增加。

### "发烧"的地球

智利著名地质学家安德雷斯·里维拉曾指出,由于全球暖化原因,从1950年以来智利海域已有近10亿立方米的冰川融化,目前这一速度还在加快。若这一现象持续下去,全球生态系统将会受到影响。2005年以来,冰川融化阻碍海上航行的事件时有发生。

位于智利与阿根廷边境地区的安第斯雪山的雪线呈明显升高趋势,表明积雪近年来加速融化。

报告援引联合国有关调查指出,若目前的全球暖化不能得到及时解决,今后100年内全球气温将升高1.5~6摄氏度左右,而冰川大量融化将造成海平面升高14~80厘米,很多岛屿将沦为泽国。研究表明,在海平面上升的高度中,有10%左右将是智利海域冰川融化造成。

**名词解释**

**【雪线】**

就山区而言,在气候变化不很明显的若干年内,每年最热月积雪区的下限总是大体上位于同一高度,这个高度以上为多年积雪区,以下为季节积雪区,多年积雪区和季节积雪区之间的界限就叫做雪线。

### ◆ 生态日益恶化

1860年以来,日益增强的工业化和森林面积的缩小使大气中二氧化碳的含量增加了万分之一,而且北半球的气温也随之上升。温度和温室气体的增加自20世纪50年代以来变得更加急剧。

水蒸气是最重要的温室气体。二氧化碳、甲烷和一氧化二氮也包含热量，而且会保持地球的温和气候在寒冷地带的平衡。人类活动，比如燃烧矿物燃料和砍伐森林，迅速导致这些气体的集中，甚至超过了植物和海洋吸收它们的速度。这些气体在大气层中成年累月的聚集，即便现在完全停止释放这些气体，也不可能停止它们所导致的变暖趋势。

一只北极熊行走在加拿大瓦格海湾的岩石地面上。北极最吸引人的大动物群——北极熊正面临着来自全球变暖的严重威胁。

估计到2050年，人为导致的温度上升将加剧，那时排放到空气中的二氧化碳和其他温室气体将使不下百万种的地球陆地植物和动物走向灭绝。

## 话题争鸣

有人认为，全球变暖使得高纬度地区夏天更热、冬天更冷的极端气候时常发生。事实上，发生寒潮恰恰证明地球没有发生全球变暖，而且把变暖和变冷都归咎于全球变暖显然是一种不科学的强词夺理，违背了科学的可证伪性原则。

2013年北极夏季冰盖面积比2012年增加了60%，超过100万平方英里。科学家警告，世界正在经历气温急速下降，可能面临全球变冷。气温急速下降将持续到21世纪中叶以后。此前根据计算机预测的灾难性气候变暖是危险的误导。

全球变暖很有可能会造成冬天更冷。全球变暖是可怕的、应该减缓的，但其影响并不是单纯的变热而已。

### 链接

### "暖冬"的气候概念

"暖冬"和"冷冬"是气候概念：如果某年某一区域整个冬季的平均气温比常年同期明显偏高，称为暖冬；反之，冬季气温比常年同期明显偏低，则为冷冬。

暖冬是一种气候异常现象，它的频繁出现会对经济、社会的诸多方面产生影响。就我国而言，暖冬有利于节约能源，为交通运输、农田水利建设、大棚蔬菜和南方一些地区农作物的生长，以及人们的户外作业、户外活动和外出旅游提供有利的气候条件；暖冬还可促进有些晚播作物弱苗的生长，使苗情得以转化。但暖冬也会造成气温明显偏高，蒸发量增大，不利于土壤保墒，使干旱加剧，对冬小麦生长和春播春耕不利；气温持续偏高，促使北方冬小麦旺长，南方油菜旺苗，抗寒能力降低，赶上春季低温就容易受冻害；持续温暖的气候条件使有些地方作物生长过快，将会影响产量；暖干天气，再加上多大风，容易诱发森林火灾，需加强森林防火工作；温暖天气,会使病菌、病虫滋长蔓延,引发病虫危害;气温高,雨雪少,空气干燥,容易流行传染病。

暖冬的频繁发生并非偶然,它与全球变化和海洋、大气等因素的关系异常密切。我国长时间的暖冬气候就是在全球变暖的大背景下发生的。

自20世纪80年代中期全球变暖以来,我国冬季70%以上的年份是暖冬,暖冬的频繁出现与这个时期全球持续增暖、火山爆发减少、厄尔尼诺事件频发、欧亚大陆冬季积雪偏少、东亚冬季季风减弱、西太平洋副热带高压增强的阶段性特征基本上是一致的,这就是这一时期我国频繁出现暖冬的主要原因。

## ◆ 农作物生长受影响

全球变暖对农作物生长的影响有利有弊。其一,全球气温变化直接影响全球的水循环,使某些地区出现旱灾或洪灾,导致农作物减产,且温度过高也不利于种子生长。其二,降雨量增加,尤其在偏旱地区会积极促进农作物生长。全球变暖伴随的二氧化碳含量升高也会促进农作物的光合作用,从而提高产量。

## ◆ 人体健康受威胁

全球变暖直接导致部分地区夏天出现超高温,因为心脏病及引发的各种呼吸系统疾病,每年都会夺去很多人的生命,其中又以新生儿和老人的危险性最大。

全球变暖导致臭氧浓度增加,低空中的臭氧是非常危险的污染物,会破坏肺部组织,引发哮喘或其他肺病。

全球变暖造成某些传染性疾病的传播。当蚊子叮咬一个带有传染病毒的人时,这种病毒就会跟随血液进入蚊子体内开始繁殖,并通过下一次叮咬进入某个健康人体内完成病毒的传播。在一定温度范围内,随着温度的升高,蚊子的繁殖速率和叮咬速率都大大提高,其体内病毒的繁殖和成熟速率也将随之提高。夜晚和冬季温度上升,大大延长蚊子的生活期、扩展了蚊子的生活地域,使得靠它传播的疟疾、猩红热、黄疸、脑炎等恶性传染疾病的发病率提高。

全球变暖会在不同地区造成不同的自然灾害,会直接导致粮食减产,使当地居民遭受饥饿和营养不良的威胁,同时会加速某些靠水传播的病毒的扩散速率,如脑炎、痢疾、高烧等。

可见,全球变暖,会对全球生态环境和社会经济等发生重大影响。尽管变暖对局部地区可能会带来一些好处,但从全球来说,人类社会为此调整经济结构而付出的代价将高于可能得到的好处。

全球气温升高是就全球平均状况而言的,并非表明地球上每一地区气温都在上升。

例如，我国北方地区气温增高比较明显，而有些地区如长江流域一带气温上升并不明显，甚至略有下降。这说明区域性气候的变化要比全球性气候变化复杂得多。

## ◆ 地球变暖所带来的并非全是消极的

地球变暖所带来的后果也并非全是消极的。热量可能会向一些气候寒冷的地区倾斜，这对于北半球巨大的农业区域来说将是有利的。北极运输和资源的开发也将变得更加可行。

### 声音

"人类从未遇过这种遍及全球的威胁，就像一列火车失控而且持续加速，如果我们现在不制止，未来将更难以阻挡。"

——英国皇家科学院院长梅伊勋爵，对全球暖化忧心忡忡

梅伊勋爵说出这番末日言论，希望推动各国政府采取较严厉的环保措施，不过有一群农业乃至医学方面的专家，虽然都同意气候正在变化，观点却与梅伊截然不同。他们从谷物收成到人体健康等几个方面着手研究，发现气候变暖绝非世界末日，甚至可能利多于弊，而且人类完全可以适应无虞。

丹麦哥本哈根商学院的比荣·隆伯格教授著有《持疑的环保论者》一书，他对气候变暖的批判激怒了不少环保人士。隆伯格说："经济学研究清楚地揭示，与其大幅削减温室气体排放量，不如设法适应一个较为温暖的地球，所付出的代价相对而言少得多。"史托特也指出，就算关闭所有石化燃料发电厂、将汽车都压成废铁、禁止飞机升空，地球的气候还是会继续变化。他说："真正要担心的，是我们到时会不会已经民穷财尽，根本无力应付气候变迁的后果。"

# 3. 都是二氧化碳的错？

全球气候变暖的原因主要有两方面：燃烧煤炭、天然气等产生大量温室气体；肆意砍伐原始森林，使得吸收二氧化碳的能力下降。其他如城市化、海水温度变化、沙漠化、太阳活动、火山爆发等也促进全球气候变暖。

## ◆ 温室效应和温室气体

大气层-地表系统如同一个巨大的"玻璃温室"，使地表始终维持着一定的温度，产生了适于人类和其他生物生存的环境。在此系统中，大气既能让太阳辐射透过而达

到地面,同时又能阻止地面辐射的散失,这种大气对地面的保护作用,即大气的温室效应。造成温室效应的气体称为"温室气体"。这些温室气体对来自太阳辐射的短波具有高度的透过性,而对地球放射出来的长波辐射具有高度的吸收性。这些气体有二氧化碳、甲烷、氯氟化碳、臭氧、氮的氧化物和水蒸气等,其中最主要的是二氧化碳。许多科学家认为,温室气体的大量排放所造成温室效应的加剧可能是全球变暖的基本原因。

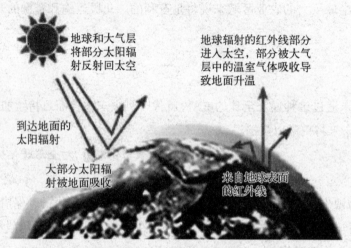

温室效应的加剧可能导致全球变暖。

通常,大气中二氧化碳的含量是恒定的,大约占整个大气质量的百万分之三。现代社会大量使用含碳的燃料,如煤炭、石油和天然气等,使大气中的二氧化碳逐年增加。碳循环失衡,改变了地球生物圈的能量转换形式。自工业革命以来,大气中二氧

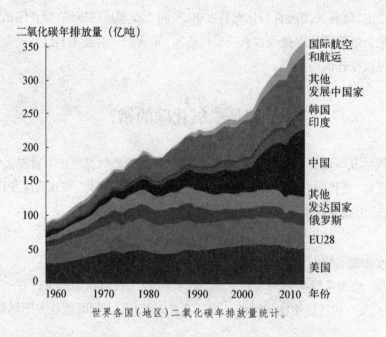

世界各国(地区)二氧化碳年排放量统计。

化碳含量增加了25%，远远超过科学家可能勘测出来的过去16万年的全部历史纪录，而且目前尚无减缓的迹象。据统计，100年前全世界平均每年进入大气的二氧化碳仅9 600万吨，而目前已猛增到50亿吨，预计到21世纪中期将递增到80亿吨。大气中二氧化碳含量增加，温室效应就会增强，全球气温也就升高。到2035年，大气中二氧化碳的聚集会让气温上升超过关键性的2摄氏度，依照现行的政策，全球气温最终将比工业革命前时期增加4摄氏度。这还是最中庸的预测结果，气温进一步上升有50%的可能。我们必须采取行动来避免这种危险局面，而主要手段就是大幅削减全球二氧化碳排放量。

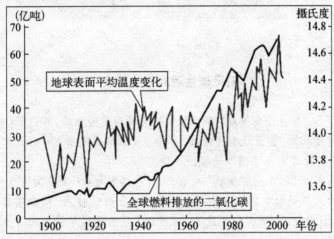

全球燃料排放二氧化碳和地球表面平均气温的逐年变化关系。

 **思考**

阅读以上图表，你能否解释近50年来的气候变暖问题？收集相关资料，从单纯考虑某个因素出发，试说明该因素是通过什么方式促使气候变暖的。

 **数据库**

研究表明：近年来，大气中二氧化碳的浓度以每年1.5%的速度在增加。

从1978年以来，北极区的海冰区域大约每10年收缩9%，而且还越来越薄。北极气候影响评估（ACIA）预测，本世纪末北极区夏天的海冰有一半将要融化，同时北极地区的温度将上升4~7摄氏度。

热带冰川面临着更大的麻烦。坦桑尼亚的乞力马扎罗山5 895米高的顶峰上的积雪自1912年以来已经融化了80%，在2020年将完全消失。

## STS 用"计算器"算算自己一年排放出多少二氧化碳

如果你使用了100度电，那么你就排放了78.5千克二氧化碳，为此你需要植一棵树；如果你自驾车消耗了100公升汽油，那么你就排放了270千克二氧化碳，为此需要植三棵树……一种特殊的二氧化碳排放量计算器这样告诉人们。

"碳排放计算器"软件由一家跨国公司提供，只要在相关网站上填写家庭成员数、住房类型、住房供暖系统、个人交通习惯等数据，就可以计算出1年内排放的二氧化碳。

如果你对此有兴趣，可以登录以下网站：www.climatefriendly.com 或 www.pb.com。

### 链接 对低碳生活的其他看法

◎ "低碳"和"防止全球变暖"等口号实际上成为政治作秀，签订了《京都议定书》的国家并不积极减排，甚至还有所增加（可参见《京都议定书》的相关章节），这令人们怀疑根本就是政客们为了骗取选票的手段。

◎ 一些国家以"防止全球变暖"为名义，开征各种税收，加重国民负担，使原本处于贫困线上的人口更加贫困。这些国家并不着眼于改进技术、减少碳排放而是只顾收税，引来人们的批评，使人们怀疑"全球变暖"是政府为了从人民身上多收税而故意夸大的说辞。

◎ 商业利益：许多商家把"低碳"作为一种宣传手段，而低碳产品往往比其他产品更贵，如果强制放弃普通产品而改用低碳产品，会加重贫困人口的生活负担，这是很不道德的。

◎ 一些号称能减少温室气体排放的做法，事实上反而会增加温室气体排放（如生质燃料）。植树的效应也被怀疑，因为此过程及植物本身所排放的温室气体可能比其能有效减少的温室气体更多。

◎ 根据化学原理，"关灯点蜡烛"实际上要排放更多的碳元素。因此，"地球一小时"中许多人关灯点蜡烛，实际上与他们的减碳主张相违背，作秀的成分更多。

### ◆ 森林锐减使地球吸收二氧化碳的功能减弱

全球森林主要分为亚寒带森林、温带森林和热带森林3类。据研究，现今的森林生态系统是大自然经过8 000年的进化才逐渐形成的。

今天，所有的原始森林都沦为伐木业大规模开采利用的目标。在热带地区，许多现在已荡然无存的森林就是在过去的50年间被砍伐一空的。仅1960年至1990年，就有超过4.5亿公顷的热带森林被吞噬，占世界热带森林总面积的20%。还有数百万公顷的热带森林在砍伐、农田开垦和矿产开采中退化。

而且，全球的非法砍伐和非法木材产品交易还在继续加剧，尤其是在拥有热带森林的发展中国家。而国际市场对廉价木产品的需求，又进一步恶化了这一状况。

综合以上两方面原因，IPCC根据气候模型预测，到2100年为止，全球气温估计将上升大约1.4~5.8摄氏度（2.5~10.4华氏度）。据此预测，全球气温将出现过去1万年中从未有过的巨大变化，从而给全球环境带来潜在的重大影响。

## 思考

在气温的表示方面，往往有摄氏度和华氏度两种表示法。查阅相关资料，看看两者之间有何种换算关系。

### 链接

### 科学家谈全球变暖原因

一项由印度科学家开展的为期3年的研究结果显示：人类过量地使用化肥，使氧气减少，并使海洋沿岸水域 $N_2O$ 的含量增多，这可能也是造成全球变暖的一个重要因素。

位于印度果阿邦的全国海洋研究所的科学家纳克维领导的一个小组，在位于印度西海岸的阿拉伯海海域开展了一系列研究后发现，印度大陆架海域中的 $N_2O$ 的含量正在以异乎寻常的速度增加。

由于 $N_2O$ 吸收红外辐射的能力是二氧化碳的200多倍，而红外辐射是引起温室效应即全球变暖的重要因素，因此 $N_2O$ 的增多无疑会使得全球气温变得越来越高。纳克维同时表示：海洋中的 $N_2O$ 最终会释放到大气中，造成平流层中保护地球免受有害紫外线侵害的臭氧耗竭。

## 数据库

### 主要的温室气体

| 气体 | 大气中的浓度（ppm） | 年增长率（%） | 生存期（年） | 温室效应（二氧化碳=1） | 现有贡献率（%） | 主 要 来 源 |
| --- | --- | --- | --- | --- | --- | --- |
| $CO_2$ | 355 | 0.4 | 50~200 | 1 | 55 | 煤、石油、天然气、森林砍伐 |
| CFC | 0.000 85 | 2.2 | 50~102 | 3 400~15 000 | 24 | 发泡剂、气溶胶、制冷剂、清洗剂 |
| $CH_4$ | 1.714 | 0.8 | 12~17 | 21 | 15 | 湿地、稻田、化石、燃料、牲畜 |
| $N_2O$ | 0.31 | 0.25 | 120 | 270 | 6 | 化石燃料、化肥、森林砍伐 |

资料来源：全球环境基金（GEF）。

**思考**

甲烷也是一种对全球变暖贡献很大的温室气体。你知道甲烷的主要来源吗？我们又有什么办法进行控制？

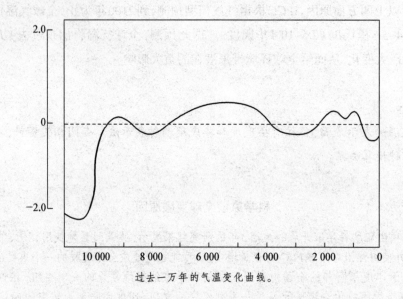

过去一万年的气温变化曲线。

有人认为，根据过去一万年的气温变化情况，最近100年里的气温变化完全属于地球气候冷暖变化的正常范围之内，自然界有其允许的应变能力，所以我们不必杞人忧天。你对此怎样理解？谈谈你的观点。

# 4. 世界各国的态度

◆ **通过一些技术措施，减少目前大气中的二氧化碳、甲烷等温室气体的含量**

地球上可以大量吸收二氧化碳的是海洋中的浮游生物和陆地上的森林，尤其是热带雨林。为减少大气中过多的二氧化碳，目前最切实可行的生态学措施是广泛植树造林、加强绿化；另一方面保护好森林和海洋，比如防治海洋污染以保护浮游生物的生存。我们可以从身边的点点滴滴做起，比如通过减少使用一次性木筷、节约纸张、不破坏城市植被等行动来保护陆地植物，使它们多吸收二氧化碳，以减缓温室效应。

要大幅削减二氧化碳排放量，关键在于清洁能源。近期在伦敦启动的"气候阿波罗计划"，旨在打破最大的技术瓶颈以推动清洁能源在全球的广泛使用。力争到2025年，使全球的清洁能源发电成本低于煤炭发电成本，为全面替代传统化石能源奠定技术基础。目前的清洁能源主要有三类：可再生能源（尤其是太阳能和风能）、原子能，以及

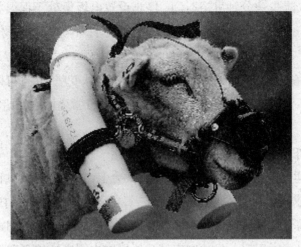

新西兰一农业调查中心近日宣布：据它们的研究，新西兰4 500万只羊和800万头牛每天呼出的热气占该国所有温室气体的44%，是造成本国温室效应的主要原因。图为正在"接受调查"的一只绵羊。

利用了碳捕获与封存技术的煤炭和天然气。这三类清洁能源的利用，需视不同国家而定。比如在印度、非洲和东南亚这样的炎热地区，太阳能可以是主要角色；在日本、北欧地区，原子能可以发挥重要作用；而煤炭和天然气资源丰富的地区，应该倚重碳捕获与封存技术。为了达到目标，我们必须掌握低成本储存能源能力、低成本传输能源能力，提高能源效率，从而减少人类对能源的总体需求。

 **思考**

你认为应当采取哪些措施减少大气中二氧化碳的数量？

◆ **科学预测、积极适应未来气候变化**

这在目前是必须考虑的问题。例如，可以建设海岸防护堤坝等工程技术措施防止海水入侵，还可以有计划地逐步改变当地农作物的种类，以适应逐步变化的气候。由于气候变化是一个相对缓慢的过程，只要能及早预测出气候变化趋势，对策是能够找到并顺利实施的。

当然，个人在日常生活中的行为，也有助于防止全球变暖。有热心网民罗列了一些做法，不妨一试：防止汽车发动机空转；严守法定速度；保持轮胎胎压处于适当值；汽车内不要堆积无用的东西；禁止油门的空转；防止汽车急发动、急加速、急刹车，保持正常车距；尽早挂高速挡；防止违法停车以免招致堵车；减少使用车内空调；利用公共交通工具；合理设置车内空调温度值，冷气调高一度，暖气调低一度；停止室内电器待机状态；每次减少一分钟淋浴时间；停止设置电饭煲处于保温状态；购物时携带购物袋，避免购买过度包装商品；减少看电视的时间；不随意燃烧物品，特别是垃圾和罚没物品。

可见，仅仅改变自己的生活方式就可助于防止全球变暖，并且可以在很多层面上实现节约。因此为了保护蓝色的地球，请把以上措施在日常生活中付诸实施。

## ◆ 加强国际合作，削减二氧化碳、甲烷等温室气体的排放量

1992年巴西里约热内卢世界环境与发展大会上，各国领导人共同签字的《气候变化框架公约》，要求在2000年发达国家应把二氧化碳排放量降回到1990年水平，另外，这些每年二氧化碳合计排放量占到全球二氧化碳总排放量60%的国家还同意将相关技术和信息转让给发展中国家。发达国家转让给发展中国家的技术和信息有助于后者积极应对气候变化带来的各种挑战。

**链接**

### 《京都议定书》及其生效

《京都议定书》是1997年12月在日本京都召开的联合国气候大会通过的。该协议书规定，在2008年至2012年期间，发达国家的温室气体排放量要在1990年的基础上平均削减5.2%，包括6种气体，二氧化碳、甲烷、氮氧化物、氟利昂（氟氯碳化物）等。其中美国削减7%，欧盟削减8%，日本削减6%。

美国曾于1998年11月签署了《京都议定书》，2001年3月美国单方面退出京都议定书。

中国于1998年5月29日签署了该议定书。经过近8年争取后，《京都议定书》终于获得120多个国家确认履行。2002年5月31日，欧盟当时的15个正式成员签署了相关文件。8月印度正式签署《京都议定书》。2004年俄罗斯总统于11月4日正式签署《京都议定书》。2005年2月16日《京都议定书》正式生效。

《京都议定书》虽然生效，但在实现其目标方面还有许多艰巨的工作要做。首先，美国还没有加入。作为温室气体排放量最大的国家不参与，《京都议定书》的覆盖面就是不完整的，其目标就不能完全实现。因为各国都生活在同一个地球上，美国不受限制地排放温室气体，整个地球的气候环境都会受到破坏。如何说服美国加入《京都议定书》是国际社会面临的困难任务。《京都议定书》应当覆盖全球，190多个国家和地区一个都不能少，这才能真正实现议定书所规定的目标。其次，《京都议定书》只规定了到2012年的温室气体排放限制目标，这一时限已经到达。可惜的是《京都议定书》第二承诺期的续签工作无法按期完成。

　　1997年12月11日，为了挽救21世纪的地球免受气候变暖的威胁，149个国家和地区的代表在《联合国气候变化框架公约》缔约方第三次会议上通过了《京都议定书》，要求38个工业化国家在2008年至2012年之间将温室气体排放量降低到1990年以下的水平，美国于1998年11月12日签署了该协定书。

　　2004年10月22日，在德国汉堡的美国驻德领事馆旁的一条河里，一些绿色和平组织成员在自由女神像复制品周围举起标语，呼吁美国像俄罗斯那样接受《京都议定书》。旗帜上的英文意思是"像普京那样做吧，签署《京都议定书》"。

**链接**

## 美国为何要退出《京都议定书》

　　2001年，美国总统布什刚上任就宣布美国退出《京都议定书》，理由是议定书对美国经济发展带来过重负担。

　　美国为什么要退出《京都议定书》呢？统计数据表明，2004年美国的排放量比1990年上升了15.8%，但大部分工业发达国家的温室气体排放量却在1990年的基础上平均减少了3.3%。据统计，作为世界最大的燃煤国，美国的二氧化碳排放量占世界排放总量的四分之一，过去10年间，其排放量增长幅度超过了印度、非洲和拉美国家的总增长量。美国二氧化碳的排放已经成为影响全球气候变化的重要因素。欧盟发表的一份《欧洲气候变化计划》(ECCP)披露，欧盟国家每减排一吨二氧化碳，减量成本仅约合18美元。而美国的减排成本就高了许多。根据《气候变化框架公约》秘书处提供的数据和荷兰学者研究的估计，至2010年，美国要承担4.24亿吨碳的减排义务，而美国学者估计美国大约为此要花费380亿美元，也有人认为美国为此要花上千亿美元，这当然会对美国经济带来过重的负担。

　　在阿根廷首都布宜诺斯艾利斯举行的《公约》第10次缔约国大会上，美国虽然以观察员身份参加了会议，却不愿讨论2012年以后的排放限制问题。美国还强调，将"按照自己的方式解决排放限制问题"。这样，2012年以后的温室气体排放问题是否能及时解决将是很大的疑问。

**链接** 哥本哈根世界气候大会

《联合国气候变化框架公约》第十五次缔约方会议暨《京都议定书》第五次缔约方会议于2009年12月7日至18日在丹麦首都哥本哈根举行，来自192个国家的谈判代表召开峰会，商讨《京都议定书》一期承诺到期后的后续方案，即2012—2020年间全球减排协议。会议达成了不具法律约束力的《哥本哈根协议》。

《哥本哈根协议》维护了《联合国气候变化框架公约》及其《京都议定书》确立的"共同但有区别的责任"原则，就发达国家实行强制减排和发展中国家采取自主减缓行动作出安排，并就全球长期目标、资金和技术支持、透明度等焦点问题达成广泛共识。

**声音**

"我们已经拥有着手解决气候危机所需的一切条件，唯一可能缺少的，大概就是采取行动的决心了。"

——美国前副总统艾尔·戈尔

**链接** 七项措施规避全球变暖风险

◎ 构建一个有效的市场驱动型的体系来减少碳排放，对那些能够判定的碳排放大户征收碳排放税，并颁布排放许可；

◎ 监测温室气体排放的生产过程，确保各个国家真实有效地实施混合型碳排放许可制度和征税制度，必要时可借助卫星进行监测；

◎ 向热带地区的发展中国家提供保护热带雨林的利益驱动，因为这类生态区域的扩展有助于减少碳的排放；

◎ 积极推进生物燃料的理性发展，把它作为一种化石燃料的全球性替代品看待；

◎ 全力建设可再生能源型的发电厂，主要为太阳能、风能和生物燃料；

◎ 对新建的煤炭火力发电厂采取延期偿付措施，因为它们是导致全球气候变化的最大元凶之一；

◎ 在全球范围内向发展中国家提供利益驱动，比如巴西、印度和中国，促使它们采纳非化石燃料型的工业发展道路。

专家认为，这些措施已超越了《京都议定书》的范畴，若它们在全球范围内得以有效实施的话，则有可能建立起一种解除气候变化威胁的现实道路。如果实施这些措施，那么在2050年之前就能够减少全球70%的二氧化碳排放。

**话题争鸣**

Climate ActionTracker这一独立气候研究机构分析指出，即便美国、欧洲和中国等国家和地区在减少排放上恪守诺言，我们依旧在朝着到21世纪末温度上升3~4.6摄氏度的方向逼近。

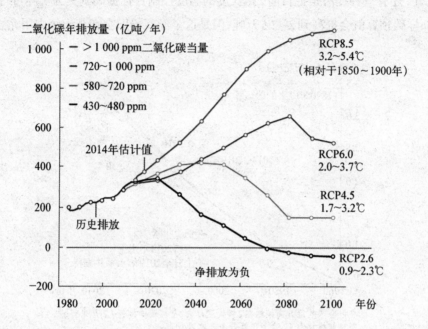

## RCP

在联合国政府间气候变化专门委员会(Intergovernmental Panel on Climate Change, IPCC)第五次报告中，对于碳排放预算提出一种新的场景假设。气候变化第五次评估报告改变了之前的评估场景，其中有四个新的场景，即RCP(代表浓度路径)。

RCP8.5是人们惯常的用法，这一场景指出，到2100年时，空气中的二氧化碳浓度要比工业革命前的浓度高3 ~ 4倍。

在RCP8.5之后会有RCP6.0和RCP4.5两个场景假设。它们是指自2080年以后人类的碳排放就降低，但依然要超过允许数值。

RCP2.6则是四个场景中最理想的，它假设人类在应对气候变化之后，采用更多积极的方式使得未来10年温室气体排放开始下降，到本世纪末温室气体排放就成为负值。这是一种积极乐观的假设。

以上四个场景假设，唯有RCP2.6气温不会上升2摄氏度。高于2摄氏度，全球变暖的趋势会使人类付出更大的代价。世界各国公认，要把全球气温升高控制在2摄氏度以内，但按照现在的排放水平，这个目标难以实现。

这就是所谓的"碳预算"。从理论上讲，要达到遏制全球变暖的目标，必须把这个碳预算摊派到各个国家，也就是说，各国都要受限于自己的碳排放额度，但实际操作非常困难。一方面是因为迄今为止这种自上而下制定的目标很少有成功实现的，另一方面，责任分配也并非易事。

此外，还有一种提法是把目前2摄氏度的温度控制目标提高到更为实际可行的3摄氏度，那样碳预算就会提高到2~2.5万吨，但是这个额度仍旧会在几十年内用完。

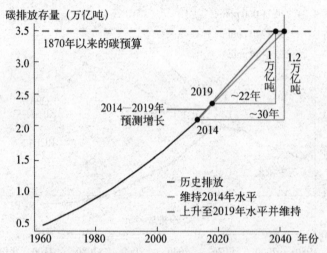

要把全球气温升高控制在2摄氏度以内，全球还能排放1.2万吨碳，按照目前排放水平，这个预算最多只够用30年。

# 5. 新的地球观

【全球变化】

　　全球变化是一种新的地球观，它以地球系统的概念为基础，从整体上研究地球系统在各个时间尺度上随时间的变化，集中研究那些把系统中所有部分紧密地联系在一起的并导致系统发生变化的过程和机制。人类活动导致的全球变化及人类对全球变化的适应受到特别的关注。狭义理解的全球变化主要是指人类生存环境的恶化。

◆ 全球变化

　　全球变化的研究对象包括地球系统的岩石圈、大气圈、水圈、冰冻圈、生物圈，发生在地球系统各部分之间的各种现象、过程以及各部分间的相互作用。全球变化的过程涉及三个基本方面：物理过程、化学过程和生物过程。在这三个过程之间也存在着相互作用。此外，人类活动正以不同的方式在不同程度上影响着地球系统。这些变化通过对社会经济和生态系统的深远而复杂的影响，正改变着并将继续改变地球维持整个生命系统的能力，也不可避免地对人类社会的持续发展构成巨大威胁。

**链接　　　　全球变化　《后天》的脚步**

　　美国灾难大片《后天》向人们描述了一个因温室效应带来的全球暖化而引发的地球的一场空前灾难，尽管这还只是一种预言，但全球变暖并非危言耸听，"后天"的脚步越来越近地向人类走来。2004年2月22日英国《观察家》报透露，美国国防部在向时任美国总统布什递交的一份绝密报告中警告说："今后20年全球气候变化对人类构成的威胁要胜过恐怖主义，届时因气候变暖、全球海平面升高，人类赖以生存的土地和资源将锐减，并将因此引发一系列大规模的人类灾难。"

　　针对全球变化造成的严重影响，科学界开展了合作性的相关研究，经过近20年的努力，对全球变化的研究获得了重大发现。主要表现在：

◎ 认识到地球物理、化学和生物过程的剧烈相互作用，形成了地球的环境，其中生物的重要性比以前认为的更为重要。

◎ 人类活动正以多种方式明显地改变着地球系统的环境，它所造成的变化已经可以清晰检测出来，其范围和影响在某些条件下可以超过自然的变化。

◎ 地球系统正在发生的变化，其性质、幅度和速率都是前所未有的。

◎ 一种新颖的环境科学系统正在出现。

◎ 对地球系统进行的多学科交叉性观测，取得了大量的高质量科学数据，并导致了建立地球观测系统的迫切需求。

　　今后，全世界将以更协调一致、更快速和更大规模的方式应对日益加剧的全球变化问题，尤其是不利影响。具体的发展趋势为：

◎ 多学科交叉和合作的深度与广度将进一步加强。

◎ 注重全球变化的区域响应研究。全球变化的研究主要通过区域研究解决，特别关注全球变化的脆弱区和敏感区的影响。亚洲将成为全球变化研究的一个中心地区。

◎ 进一步加强以地球系统为总体目标的集成研究。

◎ 加强实际应用研究，提出人类适应和减缓全球变化的对策，实现可持续发展。

### ◆ 全球变化的模型

在现有知识水平上,可以概括出如图所示的一个概念模型。在此生物地球化学循环模型中,全球变化可以分为两个过程体系:物理气候系统和生物地球化学循环。物理气候系统的子系统主要涉及:大气物理/动力学、海洋动力学、地表的水汽和能量循环;生物地球化学循环的子系统主要涉及:大气化学、海洋生物地球化学和陆地生态系统。每个子系统都直接或间接地同其他子系统发生相互作用。

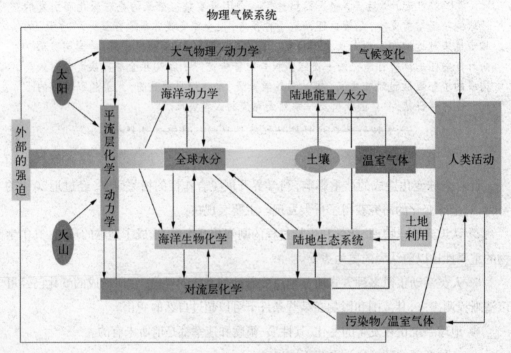

全球变化的模型:生物地球化学循环模型。

驱动全球变化的最终能源是太阳能。能量和水以各种方式贯穿于整个体系。

人类活动也加入到全球变化中,同时,人类活动也受到全球变化的制约。

### ◆ 全球变化的研究重点

生物地球化学过程:主要从大气化学、生物排放和海洋生物化学三方面进行研究。具体的研究问题有北方森林、热带地区、水稻与甲烷、大气污染与云和全球性的微量气体监测网等。

陆地生态与气候的相互作用:主要从植被在地球系统水循环中的作用和全球变化对陆地生态系统的影响两方面进行研究。

地球系统的综合分析和模拟:把海气耦合模式与陆地过程模式及环境系统中的化

学过程、人类活动的影响作用耦合起来,是一个重要的课题。

社会、经济影响评估:预测全球变化对农业、海岸带、能源等社会经济的影响,并在有关科学研究和政策制定之间筑起桥梁。

## 绿色人物

### 荣膺2006年感动中国十大人物的叶笃正

叶笃正风华正茂时已经是奠基人,古稀之年仍然是开拓者。叶笃正先生是中国科学院院士,研究员,国际大气科学界屈指可数的几位学术巨匠之一,荣获2005年度国家最高科学技术奖。在近60年的科学生涯中,叶笃正先生在大气动力学、青藏高原气象学、东亚大气环流以及全球变化科学等领域成就显著,被公认为是我国现代气象学和全球变化学科的奠基人之一，为全球变化、大气环流和气候变化研究作出了开创性重大贡献，也是国际全球变化研究的创始人之一。常挂在叶笃正先生嘴边的是"要让外国人来同我们接轨"。让外国人同我们接轨，这是一个年过九旬的大学者的大气魄，笑揽风云动，睥睨大国轻。

叶笃正先生因为在此领域的卓越成就，荣膺2006年感动中国十大人物。

# 专题二　未来水世界

　　海洋是全球生命支持系统的一个基本组成部分，也是一种有助于实现可持续发展的宝贵财富。1990年第45届联合国大会做出决议，敦促世界各国把开发海洋、利用海洋列为国家的发展战略。1994年11月16日《联合国海洋法公约》正式生效，标志着现代国际海洋法律制度的建立，为全球海洋资源与环境的可持续发展奠定了国际海洋法律基础。中国拥有18 000多千米的大陆岸线，既是陆地大国，又是沿海大国。中国的社会和经济发展将越来越多地依赖海洋。因此，《中国21世纪议程》把"海洋资源的可持续开发与保护"作为重要的行动方案领域之一。

——摘自《中国21世纪议程》

　　在人类赖以生存和发展的宇宙幸运之舟——地球上，陆地面积仅占总面积的29%，而海洋则占到71%。广阔无垠的海洋不仅是生命的摇篮，更是自然界赐予人类的一个巨大的资源宝库。它可以为人类提供食物、能源、矿物、水源、化工原料乃至广阔的空间。目前世界人口约50%居住在距海岸150千米的范围内，此比例还在继续上升，海岸带是全球经济活力最强的地带。

　　当今人类社会正面临着巨大的人口、资源、环境的压力，以及全球变暖、厄尔尼诺等诸多世界性问题的困扰，这些几乎都可以从海洋中找到出路，它是人类探索自己居住的这个星球——地球的金钥匙之一。因此，海洋的争夺也成为各国的战略发展目标之一。

**链接**　**你知道"国际海洋年"和"世界海洋日"的来历吗？**

　　1994年12月，在联合国第49届大会上通过了这项由102个成员国发起的决议，宣布1998年为"国际海洋年"。在这项决议中，联合国要求世界各国做出特别努力，通过各种形式的庆祝和宣传活动向政府和公众宣传海洋，提高人们的海洋意识，强调海洋在造就和维持地球生命中所起的重要作用，强调保护海洋资源与环境的重要性，保持海洋的持续发展和海洋可再生资源的可持续利用，加强海洋国际合作。

1997年7月，联合国教科文组织通过了将"海洋——人类的共同遗产"作为"国际海洋年"主题的建议，并将7月18日定为"世界海洋日"。"国际海洋年"以及"世界海洋日"成为世界各国加快进军海洋步伐的一次全方位行动。

# 1.蓝色的希望

## ◆ 海洋是人类的资源宝库

随着全球人口的不断膨胀和耕地的逐渐减少，资源问题日渐突出。于是，科学家把解决这一问题的希望寄托于占据地球表面积71%的海洋，海洋是人类的资源宝库。21世纪将是一个海洋经济时代。浩瀚无垠的海洋，有着极其丰富的海洋资源，现在越来越多的国家已经把海洋资源的开发列为重要课题。

早在1960年，法国总统戴高乐就提出"向海洋进军"。而美国总统肯尼迪也提出过"为了生存必须开发海洋"。日本于1970年发表的《科技白皮书》，把海洋、空间、原子能并列为现代3大尖端技术。海洋开发为这些国家的发展提供了新的前景。

**链接**

### 富饶的海洋生物资源

地球上生物资源的80%以上在海洋。海洋中的生物多达69纲、20多万种，其中动物有18万种（仅鱼类就有2.5万种），在不破坏水产资源的条件下，每年最多可提供30亿吨水产品（目前被利用的不足1亿吨）。据科学家估计，海洋的食物资源是陆地的1 000倍，它所提供的水产品能养活300亿人口。可是目前人类利用的海洋生物资源仅占其总量的2%，还有很多可食资源尚未开发。人们在海洋中若繁殖1公顷水面的海藻，加工后可获得20吨蛋白质，相当于40公顷耕地每年所产大豆蛋白质的含量。据中国农业科学院研究显示：光近海领域生长的藻类植物加工成食品，年产量相当于目前世界小麦总产量的15倍。海洋提供蛋白质的潜在能力是全球耕地生产能力的1 000倍，我国有3亿公顷的海洋国土，其中一半适合养殖和种植。

南沙群岛的珊瑚礁。　　　　　　　　　　　　　　红树林海岸。

　　据专家介绍,印度-西太平洋海区是世界上最富饶的珊瑚礁区,珊瑚礁中栖息着的生物数量巨大、动植物种类繁多,是多种珍稀海洋生物最重要的栖息地,它的功效相当于热带地区的大片雨林,生物多样性和生产力极高。由于珊瑚礁具有复杂多样的形态,许多海洋生物的卵也附着在珊瑚上,因而为鱼虾类提供了很好的栖息场所。据统计,每平方千米珊瑚礁的鱼类产量可维持在15吨左右,可为沿海地区居民提供大部分的蛋白质来源。同时,活珊瑚丛中生、死珊瑚堆积物构成礁体,通常称为造礁珊瑚,还具有抵御海浪侵蚀、保护海岸稳定的作用,是沿海地区防止海岸侵蚀的重要天然屏障。

### 深海矿产——锰结核

　　大洋底蕴藏着极其丰富的矿藏资源,锰结核就是其中的一种。它含有30多种金属元素,其中最有商业开发价值的是锰、铜、钴、镍等。

　　锰结核广泛地分布于世界海洋2 000~6 000米水深海底的表层,总储量估计在30 000亿吨以上。其中以北太平洋分布面积最广,储量占一半以上,约为17 000亿吨。锰结核密集的地方,每平方米面积上有100多千克,简直是铺满海底。

　　锰结核不仅储量巨大,而且还会不断地生长,平均每万年长1厘米。以此计算,全球锰结核每年增长1 000万吨。锰结核堪称"取之不尽,用之不竭"的可再生多金属矿物资源。

锰结核的开采。　　　　　　会生长的锰结核。

链 接

## 可 燃 冰

2007年6月17日，我国在南海北部成功钻获的天然气水合物实物样品"可燃冰"在广州亮相。天然气水合物存在于海底或陆地冻土带内，是由天然气与水在高压低温条件下结晶形成的固态笼状化合物。纯净的天然气水合物呈白色，形似冰雪，可同固体酒精一样直接被点燃，故又被形象地称为"可燃冰"。1立方米天然气水合物可以释放出164立方米的天然气。

夹杂着白色颗粒状"可燃冰"的海底沉积物入水即冒出大量气泡。

专家估计，全世界石油总储量在2 700~6 500亿吨之间。按照目前的消耗速度，再有50~60年，全世界的石油资源将消耗殆尽。可燃冰的发现，让陷入能源危机的人类看到了新希望。

## ◆ 海水淡化前景广阔

地球表面覆盖着大量的水，但遗憾的是97%以上都是不能饮用的海水，只有一小部分江河湖泊里的水和地下水才能供人类饮用。

据联合国有关数据统计，地球上有10亿人生活在缺水地区；到2025年，缺水人口将增加至18亿。如何解决淡水危机，我们可以采取哪些措施？

链 接

### 海水淡化的方法

最早的海水淡化有两种方法：一是蒸馏法，将水蒸发而把盐留下，再将水蒸气冷凝为液态淡水。另一个是冷冻法，冷冻海水使之结冰，在液态海水变成固态冰的同时，盐被分离出去。但是这两种方法都需要消耗大量的电能，并会在装置里产生大量的锅垢，得到的淡水量少，并且味道不佳，难以使用。

1953年海水淡化诞生了反渗透淡化法。人们通过高压泵对海水施加压力，将海水压入一种"半透膜"中，这种膜只允许海水中的水分子透过，而将绝大部分盐分子截住，从而得到淡水。反渗透法最大的优点就是节能，生产同等质量的淡水，它的能源消耗仅为蒸馏法的1/40。因此，许多国家将海水淡化的研究方向转向了反渗透法。目前,世界上最大的反渗透海水淡化在建工程在以色列,日产超过33万吨淡水。

〰〰〰〰〰〰〰〰〰〰〰〰〰〰〰〰〰〰〰〰〰〰〰〰〰

## 数据库

国际海水淡化协会2008年的最新数据显示,全球已有13 080个海水淡化工厂,每天可生产5 560万吨饮用水,但目前这只占世界用水量的0.5%。而且约有半数以上的淡水工厂集中在中东地区,在这些国家里,能源价格极为低廉,而水却极为珍贵。

现在情况有了新的变化,世界上越来越多的地方经历长期的旱情和水资源短缺的困扰,海水淡化已成上升趋势。仅美国就有20家海水淡化工厂正在筹备中,其中包括圣迭哥附近一家投资3亿美元的海水淡化厂。世界上已有120多个国家和地区在应用海水淡化技术。根据国际水务情报局估计,到2015年,全球海水淡化处理能力将翻一番。

## 链接

### 海水淡化在中国

我国是一个海岸线绵长的海洋大国,同时又被联合国认定为世界上13个最缺水的国家之一,14个沿海开放城市平均日缺水量近200万立方米,北方沿海城市年缺水总量超过200亿立方米。为了解决这一制约沿海地区经济社会发展的瓶颈,国家已经投资若干亿元人民币开发海水淡化工程,并将海水淡化列入《中国21世纪议程》中。

目前,天津市建有亚洲最大的海水淡化厂。到2020年,天津市海水淡化日处理能力可达60万吨,市民的用水紧张状况将大大缓解。这意味着取之不尽、用之不竭的海水将被转化成纯净的自来水,流入居民家中。

国家发展改革委员会发布的《海水淡化产业发展"十二五"规划》指出,2012年我国产水量高于10 000立方米/天的海水淡化工程有16个。到2015年,海水淡化产能规模将达到220万立方米/日以上。该规划还提出,到2015年,海水淡化对解决海岛新增供水量的贡献率达到50%以上,对沿海缺水地区新增工业供水量的贡献率达到15%以上。

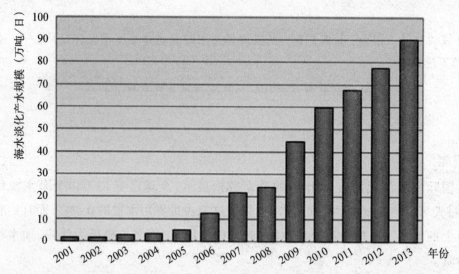

截至2013年底,全国已建成海水淡化工程103个,工程总规模达到90.08万吨/日,最大海水淡化工程规模为20万吨/日。主要采用反渗透和低温多效蒸馏海水淡化技术,产水成本为(5~8)元/吨。海水直流冷却、海水循环冷却和海水化学资源利用技术得到不断应用,年利用海水作为冷却水量达883亿吨。

### 数据库

美国科学家公布了他们对全球海洋1年内对人类的生态服务价值的评估结果。价值类别包括气体调节、干扰调节、营养盐循环、废物处理、生物控制、生态环境、食物产量等。计算结果是全球海洋生态系统价值为每年461 220亿美元,每平方千米的海洋平均每年给人类提供的生态服务价值大约为57 700美元。

### 话题争鸣

从2008年起,中国国家海洋局将每年的7月18日定为"全国海洋宣传日",以促进全社会关注海洋、善待海洋。请你收集相关资料,组建一支绿色小队,在班级中开展一次"与大海的约会"海洋宣传主题活动,也可以在全校范围内举办一次"海洋知识竞赛"活动,为提高全民海洋意识献一份力。你觉得还有其他宣传形式吗?

## 2. 来自海洋的警报

2008年11月,联合国教科文组织政府间海洋学术委员会在摩纳哥举办了海洋酸化研讨会,与会专家认为:由于吸收了过多的二氧化碳,海洋正在以前所未有的速度酸化,这已经威胁到海洋生态系统和几千万人的生计,海洋已经"生病"了。

## 海洋酸化加剧

据美国《每日科学》网站日前报道，研究指出，通过吸收每年高达80亿吨大气中大量过剩的温室气体，海洋帮助减缓了全球变暖的趋势。然而海洋却为此付出了高昂的代价，这些额外增加的二氧化碳正在改变海水的化学结构，加重它的酸性程度，破坏海洋生物的生存环境。

专家们警告说，由于二氧化碳给海洋带来如此巨大的变化，它可能会影响到依靠海洋获取食物和资源的人们的生活。美国国家航空和航天局负责观测碳的研究人员认为，海洋中不断增加的二氧化碳对地球上生命造成的影响可能比大气中的二氧化碳更大。

大部分额外溶解的碳都会集聚在海洋浅水层中。然而，在高纬度地区，海洋浅水层迅速冷却，海水变得更咸，密度更大，并开始下沉，将溶解的碳带到了海洋的最深处。最终的结果是海洋的pH值降低了，这就意味着海洋变得更加酸性。

pH值降低，将对海洋生物产生严重影响。最有可能受到海洋酸化伤害的是海洋植物和生物。海洋的酸化，不仅使它们无法获取生长外壳和珊瑚礁所需的原料，而且变本加厉地使现有的珊瑚结构和活着的海洋生物的外壳溶解。

## 珊瑚礁的严重破坏

在广袤的海洋中，大量各色各样的珊瑚礁使水下世界更加绚丽多彩。珊瑚礁的存在至今大约已有5亿年的时间，它们不仅具有生态价值，而且具有极高的经济价值，被人们称为"海洋中的热带雨林"。因为珊瑚礁能减少浪潮对海岸和岛屿的冲击和侵蚀，对海岸和岛屿有良好的保护作用。在已知的16万种海洋生物中，约有6万种生活在珊瑚礁，构成了一个生物多样性极高的顶级生物群落。

澳大利亚的大堡礁是世界上最大、最健康的珊瑚系统。近半个世纪以来，海水温度的不断增高，导致大片的珊瑚发生了白化。除气候变暖因素外，由于下游区域畜牧和庄稼种植面积增大以及当地植被和湿地不断减少的影响，从陆地流向大堡礁海洋公园的陆源物资，在该区域的沉积数量已经翻了四番，导致2002年的白化事件最为严重。航空遥测的结果表明，几乎60%的珊瑚礁在某种程度上发生了白化，使珊瑚裸露出原本被掩藏的钙质骨架，直至死亡。

2002年5月国家海洋局组织实施建国以来的首次大型海洋生态专项调查，本次调查发现，我国珊瑚礁的生态群落整体呈现迅速衰退现象，珊瑚礁受损面积已经远远超过80%。多年来，采礁烧制石灰和制作工艺品现象早已成风。由于数十年的挖珊瑚礁烧石灰，导致了一些地方海域生物多样性大大降低，有些地区珊瑚礁资源已经濒临绝迹。

## 链接 赤潮及其危害

赤潮是在特定的环境条件下,海水中某些浮游植物、原生动物或细菌爆发性增殖或高度聚集而引起水体变色的一种有害生态现象。

目前,赤潮已成为一种世界性的公害。美国、日本、中国、加拿大、法国、瑞典、挪威、菲律宾、印度、印度尼西亚、马来西亚、韩国、香港等30多个国家和地区赤潮发生都很频繁。

首先,赤潮的发生,破坏了海洋的正常生态结构,因此也破坏了海洋中的正常生产过程,从而威胁海洋生物的生存。

其次,有些赤潮生物会分泌出粘液,粘在鱼、虾、贝等生物的鳃上,妨碍这些海洋生物呼吸,导致窒息死亡。含有毒素的赤潮生物被海洋生物摄食后能引起中毒死亡。人类食用含有毒素的海产品,也会造成类似的后果。

再次是大量赤潮生物死亡后,在尸骸的分解过程中要大量消耗海水中的溶解氧,造成缺氧环境,引起虾、贝类的大量死亡。

### 2013年我国各海区赤潮情况

| 海　区 | 赤潮发现次数 | 赤潮累计面积（平方千米） |
| --- | --- | --- |
| 渤　海 | 13 | 1 880 |
| 黄　海 | 2 | 450 |
| 东　海 | 25 | 1 573 |
| 南　海 | 6 | 167 |
| 合　计 | 46 | 4 070 |

## 链接 有关赤潮的早期记载

人类早就有相关记载,如《旧约·出埃及记》中就有关于赤潮的描述:"河里的水,都变作血,河也腥臭了,埃及人就不能喝这里的水了。"

在日本,早在腾原时代和镰时代就有赤潮方面的记载。

1803年法国人马克·莱斯卡波特记载了美洲罗亚尔湾地区的印第安人,根据月黑之夜观察海水发光现象来判别贻贝是否可以食用。

1831—1836年,达尔文在《贝格尔航海记录》中记载了在巴西和智利近海面发生的束毛藻引发的赤潮事件。

据载,中国早在2000多年前就发现赤潮现象,一些古书文献或文艺作品里已有一些有关赤潮方面的记载。如清代的蒲松龄在《聊斋志异》中就形象地记载了与赤潮有关的发光现象。

### 我国重大海洋污染事件对海洋环境的影响

2013年11月22日,青岛东黄输油管线发生爆燃事故,入海原油对胶州湾及邻近海域的海水、海洋沉积物、海洋生物、岸滩等造成一定影响。至2013年12月底,海水质量呈现一定程度改善,岸滩污染有所减轻。

2011年蓬莱"19-3"油田溢油事故海域海洋环境质量继续处于恢复中,但其生态环境影响依然存在。海水中石油类含量符合第三类海水水质标准;个别站位沉积物中石油类含量超第二类海洋沉积物质量标准;底栖生物质量继续好转,鱼类体内石油烃含量与事故前水平基本持平,甲壳类体内石油烃含量仍然高于事故前水平。浮游生物多样性指数与事故前水平基本持平;浮游动物幼虫幼体密度明显升高,但仍低于事故前水平,鱼卵仔鱼数量仍然较低。

2010年大连新港"7·16"油污染事发海域环境状况继续呈改善态势。沉积物中石油类含量有所下降;浮游植物和浮游动物生物多样性较上年分别上升15%和17%;底栖生物的生物多样性指数亦呈现恢复态势;潮间带生物群落明显恢复,受损的白脊藤壶、太平洋牡蛎、短滨螺、菲律宾蛤仔和缘管浒苔、孔石莼等原有优势种群已恢复到正常水平。

### 有毒物质威胁深海动物

大量有毒化学污染物质,包括磷酸三丁酯（TBT）、多氯联苯（PCBs）、溴化二苯醚（BDEs）、二氯二苯三氯乙烷（DDT）等严重威胁深海鱼类的生存,其中包括深海鱿鱼和八足类动物,使它们内分泌紊乱。

这些受污染的深海物种是有齿鲸和其他掠食动物的食物来源。海洋中这类污染物质很难进行降解,在海洋环境中会保存非常长的时间。

外形奇特的"吸血鬼鱿鱼"。

### 福岛核泄漏事故的海洋环境影响

2011年日本福岛核泄漏事故依然影响福岛以东及东南方向的西太平洋海域,放射性污染范围进一步扩大,海水、海洋生物仍受到核泄漏事故的显著影响。

2013年4月,日本以东的西太平洋监测海域海水中锶-90活度较2012年12月有所上升,铯-137和铯-134活度仍维持在2012年12月的水平;50%以上站位的铯-137检出深度达到1 000米,铯-134检出深度达到500米,表明核事故放射性污染在水动力的作用下逐渐向深层迁移;在东经136°经向断面(北纬25～29°N)深层水中检出了铯-134,表明核事故放射性污染物可能在涡旋的作用下向西南迁移。菲律宾以东海域尚未受到核泄露事故放射性污染的影响。

沉积环境尚未受到核泄漏的影响,沉积物样品中未检出铯-137和铯-134等人工放射性核素。

海洋生物依然受到核事故持续泄露的放射性污染的影响。鱿鱼(巴特柔鱼)样品中仍然检出日本福岛核事故特征核素银-110 m和铯-134,且铯-134、银-110 m和锶-90的平均活度较2012年12月有所上升,铯-137的平均活度仍维持在2012年12月的水平。

❀❀❀❀❀❀❀❀❀❀❀❀❀❀❀❀❀❀❀❀❀❀❀❀❀❀

# 3. 拯救海洋　刻不容缓

千百年来,人们一直在想方设法向海洋索取,令人遗憾的是,很少有人真正意识到过度捕捞和向海洋倾倒大量有害物质会产生怎样的严重后果。2004年6月5日是第33个世界环境日,联合国环境规划署确定世界环境日的主题为"海洋存亡,匹夫有责"(Wanted! Seas and Oceans — Dead or Alive),呼吁国际社会重视海洋环境保护,积极行动起来,为人类留下清洁的海洋。

**链接**

### 跨国合作:保护"海底阿尔卑斯山"

2008年9月,来自15个国家的代表联合在法国布列斯特的会议上承诺,保护大西洋中央海脊最为脆弱、资源丰富但同时还有很多区域未曾开发的部分。这是人类保护海洋生物的重要一步。

大西洋中央海脊纵贯了大西洋,是海底极为巨大的山脉,平均高度超过2 000米,被称作"海底阿尔卑斯山"——但是其规模比阿尔卑斯山要庞大很多,从北极一直延伸到南半球,冰岛和亚速尔群岛都是这个巨大山脊隆出海面的部分。在这个山脊上还有深达4 500米的海沟,乃是山脊东西两边的深海生物跨过山脊的唯一通道。在这个区域当中,生活着珊瑚、海绵等要附着在粗糙坚硬表面上的生物,同时还有鲸类、鲨鱼和其他多种鱼类,冷暖水流的交汇还使得此地成为浮游生物的乐园。近年来日益兴旺的深海捕鱼业,对此区域影响强烈。其中受影响最严重的是罗非鱼(orange roughy),因为它需要20年才能性成熟,寿命能够达到100年之久,过度捕捞就会严重影响这个物种。在大西洋中央海脊被宣布成为海洋保护区域之后,该区域的北部已经禁止深海捕捞,而其他区域的海底山脉也会展开季节性的禁渔。

❀❀❀❀❀❀❀❀❀❀❀❀❀❀❀❀❀❀❀❀❀❀❀❀❀❀

## "谷公"治沙护海滩

我国福建东南之滨美丽的东山岛素有"东方夏威夷"的美名，湛蓝的海水，洁白的沙滩，葱郁的碧野……每年夏季都会吸引上百万游客在此嬉浪、垂钓、荡舟，享受着大自然的恩赐。谁能想到，这里曾经是一片风沙漫漫、拒绝任何绿色生命的荒原。

谷文昌，这位东山人民永远怀念的好书记，在他担任县委书记期间，带领东山人民"上战秃头山，下战荒沙滩"，进行不断的探索实践，从筑堤堵沙、挑土压沙，到植草固沙、造林防沙，几经挫折，终于找到适宜东山种植的树种——木麻黄。如今在东南沿海已经筑起一道长30多千米、宽100多米的"绿色长城"来保护这片银色的沙滩。现在来到东山，满眼都是生机盎然的绿色，而"谷公"也把自己葬在了东山。

东山老百姓为谷公树碑、建立纪念馆，以他的事迹拍成的电影《公仆》也正在全国热播，感动了千千万万的神州儿女。

自1990年经国务院批准建立河北昌黎黄金海岸、广西山口红树林生态、海南大洲岛海洋生态、海南三亚珊瑚礁以及浙江南麂列岛等5处海洋自然保护区以来，海洋保护区建设开始大规模兴起。

目前，我国海洋类型的保护区已有130余处，其中各级海洋行政主管部门管理的有80余处，包括12处国家级海洋自然保护区、8处海洋特别保护区。在这些海洋自然保护区的建设和管理过程中，我国积累了大量的实践经验，并涌现出一批海洋保护区建设和管理的典型。

**链接**

### 你知道这个图标的含义吗？

世界环境日中国标识展示了中国政府和人民在保护海洋环境方面的决心和行动，力图唤起全社会海洋环境保护的意识。标识采用代表海洋的大面积蓝色，由"浪花"、似"鱼"又似"鸟"的海洋生物、"手"以及"珍珠"的图形组成。"浪花"象征海洋；"手"象征关爱、保护；"珍珠"象征海洋资源的珍贵；鸟颈的空白处象征渤海湾，与我国的《碧海行动计划》相呼应。各种图案要素有机和谐地统一在圆形中，体现了中国传统文化中"天人合一"的哲学思想。

世界环境日中国标识。

### STS      海洋类自然保护区

上网搜索我国被纳入联合国"人与生物圈保护区网"（MAB）成员的海洋类自然保护区,制作成专题网页向同学们介绍各个保护区的概况及主要的保护对象。

# 4. 中国海洋战略

21世纪海洋再度成为世界关注的焦点,海洋的国家战略地位空前提高。党的十八大报告提出,我国应"提高海洋资源开发能力,发展海洋经济,保护海洋生态环境,坚决维护国家海洋权益,建设海洋强国"。

中国建设海洋强国的战略目标和任务可分为以下3个阶段:

近期战略目标（2013—2020）。主要为设法稳住海洋问题的升级或爆发,采取基本稳定现状的立场,逐步采取可行的措施,设法减少海洋问题对中国进一步的威胁或损害,完善国内体制机制,以利用好战略机遇期。具体目标如下:完善海洋体制机制建设,完善海洋领域的政策和法律制度,为管辖国内海域秩序和保护海洋环境、收复岛屿和岩礁创造条件。

中期战略目标（2021—2040）。创造各种条件,利用国家综合性的力量,设法解决个别重要海洋问题（如南海问题）,实现区域性海洋大国目标。具体目标如下:逐步收复和开发他国抢占的岛屿和岩礁,并采取自主开发为主、合作开发和共同开发为辅的策略。

远期战略目标（2041—2050）。在我国具备充分的经济和科技等综合性实力后,全面处置和解决海洋问题争议,完成祖国和平统一大业,实现世界性海洋大国目标。具体目标如下:无阻碍地管理300万平方千米海域,适度自由地利用全球海洋及其资源,基本具备确保海上投送和应急处理海洋问题的能力。

◆ 当前国际海洋管理形势的基本判断

"21世纪是海洋世纪"的论断已成为全球政治家、战略家、军事家、经济学家和科学家的广泛共识。

也正是由于海洋在政治、经济和战略等方面的特殊地位,引发了世界范围内对海洋权益的激烈争夺。1973年开幕的联合国海洋法会议,用了整整10年时间才基本达成一致,通过了《联合国海洋法公约》。《公约》生效后直接造成全球范围内的"蓝色圈地运动"。各国按照《公约》规定合法扩大的海域,占去了原属公海的1.3亿平方千米的面积,使地球上约36%的海面变成沿海国的管辖海域。《公约》使人类在历史上第一次通过和平方式对海洋进行"瓜分",并导致世界海洋管理呈现出以下基本态势:

☆ 海洋在全球中的战略地位日趋突出

世界主要沿海大国纷纷把维护国家海洋权益、发展海洋经济、保护海洋环境列为本国的重大发展战略。例如,美国于1999年提出了名为"回归海洋,美国的未来"的内阁报告,强调海洋是保持美国实力和战略安全的不可分割的整体;加拿大于1997年出台了《海洋法》,并制定了21世纪海洋战略开发规划;澳大利亚制定了以综合利用和可持续开发本国海洋资源为中心的21世纪海洋战略规划;日本的中心目标就是在21世纪成为海洋强国。

☆ 海洋经济已经成为世界经济发展新的增长点

现代化高新技术在海洋开发过程中的应用,使得大范围、大规模的海洋资源开发和利用成为可能,向海洋要食品、要资源、要财富是一场"蓝色革命"。海洋经济已经成为一个独立的经济体系,并以明显高于传统陆地经济的比例快速增长,相当一部分国家的海洋产业成为国家支柱产业。世界海洋产业总产值由1980年的不足2 500亿美元迅速上升到2004年的1.8万亿美元,已经占到世界GDP的4%。

☆ 世界各国海洋综合管理的力度显著增强

1998年以来,联合国秘书长每年都要向联大提交专门报告,向世界各国倡导加强海洋综合管理。在国际潮流的推动下,各沿海国家纷纷出台领海、毗连区、专属经济区和大陆架管理制度,美国、俄罗斯、法国、日本、韩国、加拿大等国制定的关于海洋权益、管理规划、资源开发、环境保护、科学研究等方面的海洋法律都在10部以上。为了提高海上执法能力,美国、加拿大、日本、韩国、越南等国组建了海岸警备队,加拿大、韩国、印尼等国先后成立了海洋与渔业部。

☆ 世界各国围绕海洋权益的斗争日趋尖锐,军事控制力度增强

正是基于海洋的特殊战略地位,冷战结束后虽然各主要国家大量裁军,但加强海军建设的军备竞赛却呈上升趋势。进入20世纪90年代以来,国际间的海洋争端此起彼伏,热点突出,为争夺渔场、岛屿和划分海洋疆域引起的国际冲突连接不断。例如,我们耳熟能详的英阿马岛之战、希腊和土耳其之间的伊米亚岛之战、日韩间的竹(独)岛之争、中日间的钓鱼岛之争、中国和东南亚各国的南沙群岛之争,世界各国围绕渔业的纠纷对峙更是此起彼伏。

纵观世界海洋史和国际海洋新动态,我们可以得出以下几点启示:第一,海洋战略事关国运兴衰。海上力量强大,国家就强大,国际地位就高。第二,海洋与国家经济社

会的可持续发展密不可分。《公约》规定的各项管理制度和规则,实际上就是对占地球表面71%的海洋空间和海洋宝藏的一次重新分配,谁在这场资源和空间的分配中掌握了主动权,谁就对本国、本民族的生存和发展掌握了更大的主动权。第三,海洋管理是国家职能的重要环节。海洋管理与国家权益、经济发展和社会进步息息相关,不可分割,必须重新审视海洋综合管理的重要性。

## ◆ 海洋强国战略的内涵

实现海洋大国向海洋强国的历史跨越,是海洋国家利益的最高战略选择,是中华民族走上繁荣昌盛的必由之路。

☆ 海洋强国战略的指导思想、战略原则和目标任务

制定21世纪海洋强国战略,必须从我国的实际出发,着眼于21世纪全球政治、经济、军事、科技发展大格局,服从我国"三步走"的现代化总战略,坚持海洋经济和海洋安全同步建设的原则,牢固树立建设海洋强国的民族意识,合理开发利用海洋资源,全面振兴海洋产业,使海洋经济领域和海防建设率先实现现代化,从而实现由海洋大国向海洋强国的历史性跨越。建设海洋强国应遵循如下战略原则:可持续发展原则、陆海一体化原则、质量效益原则、健康协调发展原则、海洋科技先行原则、搁置争议共同开发原则,经济建设与安全同步原则。

☆ 海洋强国战略的总目标

到21世纪中叶,使我国海洋经济增加值达到国内生产总值的1/4,使海防现代化水平进一步提高,进入世界海洋军事强国之列,从而使我们在拥有960万平方千米"陆上中国"的同时,拥有约300万平方千米"蓝色国土"上耸立的"海上中国"。

## ◆ 建设海洋强国战略举措

一是实施五大海洋建设工程,加快海洋开发。国家应重点组织实施海洋农牧化建设工程、海洋能源基地建设工程、港口和海运开发工程、滨海旅游开发工程、海洋综合开发工程,加快海岸带、中国海域及大洋资源的开发利用,加快港口经济和区域经济的发展步伐。

二是积极应对海洋安全战略新挑战。面对日益复杂化的国际关系格局,以及日益激烈的海洋权益、海洋安全竞争,我国的国防战略应调整为海陆并举,优化陆军,重点发展海空军,强化对中国海的制海权和制空权。鉴于海岛、海上通道的特殊安全战略地位,国家应尽快建立海洋安全应急机制,保护海洋通道安全。要加强对南中国海的主权控制及资源开发,建立搁置争议共同开发新机制。

三是构筑21世纪我国人才制高点。21世纪海洋将成为全球竞争的焦点。现代海

洋开发的深度和广度取决于海洋科学技术的突破和进展程度。海洋领域的竞争,归根到底是科技的竞争。海洋科技竞争领域表现最激烈的是人才争夺战。构建有利于培养、吸引、留住海洋人才的软、硬环境,优化发展海洋教育,提高海洋从业者的素质,成为当前我国构筑21世纪海洋人才制高点的首要迫切任务。

四是再造中国海生态的良性循环。目前,我国海洋可持续发展面临着严重的危机和挑战,海洋可持续发展势在必行。要从强化全民的海洋可持续发展意识入手,积极推进依法治海,合理利用海洋资源,提高海洋开发的科技水平,加强海洋生态环境整治与保护,尽快使我国海洋可持续发展步入良性轨道。当前的迫切任务是海洋生态环境的整治与保护,要以渤海综合治理为突破口,在全国实施"碧海工程"。

五是强化海洋综合管理,加速与国际接轨。1996年5月《联合国海洋法公约》生效,为我国开发利用海洋提供了更加广阔的空间,为我国加强海洋管理提供了国际法律依据,标志着我国海洋事业全面走向依法治海、面向世界和发展经济的轨道。

# 专题三　保护地球之肾：湿地

📢 **声音**

加强湿地保护刻不容缓。要严格禁止天然湿地的开发，抢救性地划一批湿地自然保护区，并建设好现有的湿地自然保护区。

——江泽民

地球具有多种功能的独特生态系统，湿地同森林和海洋被称为全球3大生态系统。它不仅为人类提供大量食物、原料和水资源，而且在维持生态平衡、保持生物多样性和保护珍稀物种资源以及涵养水源、蓄洪防旱、降解污染等方面均起着重要作用。

## 1. 关于湿地

湿地就在我们身边！一个水池就是一块湿地，海滩是一种湿地，稻田也是一种湿地。作为一种水陆过渡的特殊生态环境，包括若干自然的或人工的地表区域。湿地地表常年或经常有水，具有独特的生态结构和生态功能。湿地分布广泛，从寒带到热带、从沿海到内陆、从平原到高山都有分布。根据世界自然保育监察中心估计，湿地占全球陆地面积的6%，总面积约为5.7亿公顷。2014年初结束的第二次全国湿地资源调查结果显示，全国湿地总面积5 360万公顷（另有水稻田面积3 006万公顷未计入），湿地率为5.58%。

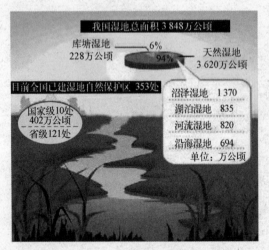

我国湿地面积亚洲第一。（资料来源：国家林业局。）

## 【湿地】

《湿地公约》中定义的湿地，是指不问其为天然或人工、长久或暂时性静止或流动、淡水、半咸水或咸水体的沼泽地、泥炭地或水域地带，包括低潮时水深不超过6米的水域。此定义包括海岸地带地区的珊瑚滩和海草床、滩涂、红树林、河口、河流、淡水沼泽、沼泽森林、湖泊、盐沼及盐湖。

狭义的定义通常把湿地视为生态交错带，是陆地和水域之间的过渡区域。由于土壤浸泡在水中，所以特征植物得以生长。

湿地被誉为"自然之肾"、"生命的摇篮"、"物种基因库"和"鸟类乐园"。

通常，湿地可以划分为海岸湿地、河口湿地、河流湿地、湖泊湿地、沼泽湿地和人工湿地等6大类型。

### 链接 我国湿地分区

我国疆域广袤，自然条件复杂，形成了极其丰富的湿地类型：

◎ 东北湿地——主要集中于东北平原和大小兴安岭、长白山地区，是我国最大的沼泽湿地分布区；

◎ 华北湿地——湿地类型较多，有内陆型、内陆湖盆型、河口型、沼泽型和滨海型湿地；

◎ 长江中下游湿地——本地区为河网密布、湖泊众多的"水乡泽国"，是典型的湖泊型湿地集中区；

◎ 杭州湾以北滨海湿地——该区域有大量的沙质、淤泥质滨海滩涂型湿地；

◎ 杭州湾以南滨海湿地——我国重要的海岸湿地类型，红树林湿地大部分集中于此；

◎ 云贵高原、秦岭以南山地丘陵湿地——分布有大量的湖泊，现已成为我国著名的风景旅游区；

◎ 蒙新干旱半干旱湿地——该区域湿地类型分布较少，主要是塔里木河下游的芦苇沼泽湿地和咸水湖泊；

◎ 青藏高原高寒湿地——是我国特有的高寒沼泽、高寒沼泽化草甸和高寒湖泊分布区域。

### 链接 上海的湿地资源

上海的湿地资源十分丰富。据不完全统计，近海及海岸湿地面积为30万公顷，河流湿地面积为7 191公顷，湖泊湿地面积为6 803公顷，库塘面积为299公顷。还有郊区鱼塘、茭白地、水稻地和近年来新开挖的景观水系、湖泊等大量人工湿地。2011—2013年上海市组织开展了第二次湿地资源调查。调查结果表明，上海市共有湿地总面积为376 970公顷。折算成可比量标，与2000年完成的第一次调查结果相比，湿地

上海崇明的九段沙是我国重要的河口湿地。

资源总量减少,特别是近海与海岸湿地资源大量减少,减少率达17.85%。

上海市现有较大的湿地27块,其中重点湿地5块(大小金山三岛、崇明东滩、长江口南支南岸南汇东滩、九段沙、黄浦江上游水源保护区),一般湿地22块,这些湿地是上海生物多样性的重要载体。根据上海市农林局最新完成的《上海市湿地资源调查》,上海的湿地中共有植物160种,分为苔藓植物6种、蕨类植物10种、被子植物144种;动物269种,分为鱼类114种、两栖类8种、爬行类22种、鸟类110种、哺乳类15种。

崇明东滩和九段沙是我国重要的河口湿地之一,是西太平洋沿岸最大的候鸟"驿站"。这两大国家级自然保护区的主要保护对象均具有典型性、稀有性,在维持生态系统良性循环等方面具有重要作用。

崇明东滩鸟类国家级自然保护区区域范围南起奚家港,北至北八港,西以1998年和2001年建成的围堤为界限,总面积为241.55平方千米。九段沙湿地国家级自然保护区总面积为420.20平方千米,是我国大河入海口极难得的仍以原生状态存在的湿地,拥有非常丰富的动植物资源。

 **STS**

## 调查本地区的湿地

**1. 活动步骤**

根据湿地的概念,结合地图等资料,了解本地区有哪些基本的湿地类型,以班级或小组为单位选定若干块湿地开展调查。

**2. 调查内容提示**

(1)制作有关表格,记录调查湿地的类型和分布特征。

(2)调查湿地周边地区社会经济发展与湿地开发利用的关系,以实地调查和资料查阅相结合的方式,了解湿地生态被破坏的状况,查清威胁湿地生态的因素,以及其作用时间、方式、强度、已产生的危害及潜在威胁。

(3)调查和了解人们对附近湿地可持续利用的认识和保护状况,比如过去、现在和将要采取的湿地保护行动,包括时间、主要目的、主要措施及主要成果等。

**3. 成果展示**

(1)编制本地区湿地地图,撰写调查报告,并在一定范围内进行交流。

(2)在校园内举行"湿地记录"主题摄影活动,宣传保护和合理利用湿地的重要性。

# 2. 湿地的价值

### 数据库

对于人类，100%的饮水来自湿地，80%的人居住在湿地或以湿地产物为生，60%的城镇在湿地。

据联合国环境署2002年的权威研究数据表明，一公顷湿地生态系统每年创造的价值高达1.4万美元，是热带雨林的7倍，是农田生态系统的160倍。

## ◆ 湿地的生态功能

### ☆ 湿地是物种基因库

湿地具有丰富的水生和陆生动植物资源，形成了其他任何单一生态系统都无法比拟的天然基因库和独特的生物多样性环境。特殊的水文、土壤造就了复杂且完备的动植物群落，其中不乏大量珍稀濒危物种。湿地环境为鸟类、鱼类以及其他生物提供丰富的食物和良好的生存繁衍空间，它们借助湿地产卵繁殖，对保护物种多样性发挥着重要作用。

### 链接

**我国湿地生物资源丰富**

据专家调查估计，我国已知湿地被子植物种类约占全国被子植物总数的2.6%；裸子植物占3.5%；蕨类植物占0.5%；苔藓植物占7.5%。湿地哺乳动物65种，约占全国总数的13%；湿地鸟类300种，约占全国鸟类总数的26%；淡水鱼类1 040种，约占全国鱼类总数的37%和世界淡水鱼总数的8%以上；爬行类占12.8%；两栖类占16.1%。在亚洲57种濒危鸟类中，我国湿地中有31种，占54%。在40多个国家一级保护的鸟类中，约有1/2生活在湿地。全球共有鹤类15种，我国湿地中观察记录到的有9种，占60%；全世界雁鸭类有166种，我国就有50种。我国湿地还是一些候鸟唯一的越冬地或迁徙的必经之地。

### 数据库

纸莎草、香蒲、浮游植物及沉水植物是湿地生态系统常见的植物。在不需要任何物质投入情况下，纸莎草年初级生产量估计为100吨/公顷，香蒲为30~70吨/公顷，浮游植物为40吨/公顷，沉水植物如眼子属的种类可达40吨/公顷。而需要大量投入人力、物力及水、化肥和农药等的甘蔗产量为63吨/公顷，玉米为60吨/公顷。

湿地生态系统具有如此高的生产能力，是一件令人瞩目的事情，湿地极有可能成为人类潜在的另一个"粮仓"，其战略地位不容忽视。

湿地是众多动、植物的家园和温馨的港湾。

如此众多的生物，既是人类的朋友，也是我们幸福的源泉之一。也许现在该物种对于我们还没有经济或科学价值，但对于子孙而言却是财富的来源。

## 绿色人物

### 一个真实的故事

"走过那条小河你可曾听说，有一位女孩她曾经来过；走过那片芦苇坡你可曾听说，有一位女孩她留下一首歌。为何片片白云悄悄落泪，为何阵阵风儿为她诉说，还有一只丹顶鹤轻轻地、轻轻地飞过。

走过那条小河你可曾听说，有一位女孩她曾经来过；走过那片芦苇坡你可曾听说，有一位女孩她再也没来过。只有片片白云为她落泪，只有阵阵风儿为她诉说，还有一只丹顶鹤轻轻地、轻轻地飞过。"

这首《一个真实的故事》歌词中的女孩叫徐秀娟。从小爱鹤的她17岁那年随着父亲来到黑龙江扎龙湿地自然保护区养鹤。养鹤是最累的活。徐秀娟担水、配食、喂鹤、放鹤、清扫鹤舍、诊治护理病鹤，样样都干得十分出色，她饲养的幼鹤成活率达到100%。经驯化的小鹤能听人指挥跳舞、飞翔，扎龙自然保护区的驯鹤技术也随之闻名中外。

1986年5月，徐秀娟完成学业，来到江苏盐城国家级滩涂珍禽自然保护区工作。这里是丹顶鹤的主要越冬地，有大片的滩涂沼泽地，长满了芦苇、盐蒿。一条自北向南的复堆河天然地把沼泽地和村庄隔开，人迹罕至，是十分理想的丹顶鹤栖息地。她的才干在此得到充分发挥。

徐秀娟的塑像。

1987年9月15日，一个风雨交加的夜晚，内蒙古呼伦贝尔盟赠送的一只天鹅在风雨中走失了。徐秀娟为了寻找这只天鹅，涉水过复堆河时，不幸溺水牺牲。那一年，她才23岁。

徐秀娟是我国环境保护战线上首位因公殉职的烈士，为纪念这位年轻的护鹤天使，江苏盐城和黑龙江扎龙自然保护区分别修建了纪念馆、纪念碑，宣传徐秀娟的事迹，激发人们热爱大自然、保护野生动物、与自然和谐相处的感情。这首为她而作的歌《一个真实的故事》也广为传唱。

☆ 湿地可调节地表径流、削减洪峰流量

湿地具有调节河流径流、削减洪峰流量的作用。湿地能储存过量的降水、地表径流或地下径流。湿地土壤具有特殊的水文物理性质,沼泽湿地和沼泽化土壤的草根层和泥炭层,孔隙度达72%~93%,饱和持水量达830%~1 030%,具有"海绵"的吸水功能,沼泽土壤的持水量往往是土壤本身重量的3~9倍或更高,可谓是一个巨大的蓄水库。

### 青草沙——上海新的水源地

上海是典型的水质型缺水城市,随着全市人口增长和经济的高速发展,每年淡水的供应增长迅速,必须通过新辟水源地,才能满足各类用水的需要。虽然上海已初步形成"多源互补"的供水格局,但当城市供水系统在面对重大水体污染事故时,饮用水供给仍然存在一定的安全隐患。青草沙水库位于上海崇明长兴岛西北方冲积沙洲青草沙上,拥有大量优质淡水,2006年,上海市政府决定将青草沙建设成为上海的水源地,以改变上海80%以上自来水源取自黄浦江的格局,全部工程于2010年完工。2011年6月,青草沙水源地原水工程全面建成通水。其水质要求达到国家Ⅱ类标准,日供水规模逾719万立方米,占上海原水供应总规模的50%以上,受水水厂16座,受益人口超过1 100万人。工程的建成和投入运行,改写了上海饮用水主要依靠黄浦江水源的历史。根据国家明文规定,青草沙水源地作为上海市重要的原水来源地,将采取严格保护措施、杜绝人为污染,确保饮水质量和安全,并形成"多源多库"联动的供水格局。

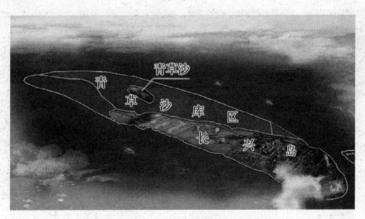

崇明青草沙湿地成为上海新的水源地。

湿地具有削减河流洪峰流量的作用。当进入汛期,河流流量猛增时,一部分洪峰流量就会被储存在湿地土壤内,或以地表水的形式保存在湖泊和沼泽中,这就直接减少了下游的洪水量。这部分水会在一定的时间内缓慢地排放出来,其中的一部分通过蒸发或下渗成为地下水而被排出。

湿地植被还可以减缓洪水的流速,因而避免了洪水在同一时间内到达下游。因此,湿地在蓄水、调解径流、补给地下水和维持区域水平衡方面发挥着重要的作用,可以防止洪水泛滥,保护人民的生命财产安全。

**链接**

### 长江中下游湖泊对径流的天然调节作用

长江中下游的湖泊调节河流径流的能力相当显著。如鄱阳湖接纳赣、修、饶、信、抚五河之水,北面经湖口入长江。五水经鄱阳湖调节后,一般可削减洪峰流量15%~30%,从而减轻了对长江的威胁。1954年特大洪水,最大入湖流量为每秒48 500立方米,最大出湖流量仅每秒22 400立方米,削减率高达53%。

☆ 湿地是"过滤器",可降解污染物,改善水质

实验证明,湿地中有相当一部分水生植物,包括挺水、浮水和沉水类型的植物,它们具有很强的清除毒物的能力,是毒物的克星。据测定,在湿地植物组织内富集的重金属浓度比周围水中的浓度高出10万倍以上,在实践中人们常利用一些湿地植物净化污染物中的毒物这一生态功能(如水葫芦、香蒲和芦苇等被广泛地用来吸收污水中的高浓度重金属镉、铜、锌等),有效地清除污水中的"毒素",达到净化水质的目的。

水葫芦也是治污高手之一。

清除"毒素"的香蒲。

**数据库**

在美国佛罗里达州,有人做过如下实验:将废水排入河流前,先让它流经一片柏树沼泽地(一种湿地)。经测定发现,约有98%的氮和97%的磷被净化排除了,湿地具有惊人的清除污染物的能力。

在印度卡尔库塔市,所有生活污水都排入东郊的人工湿地,其处理费用相当低,而且

从处理过的废水中同时获得大量的食物,成为世界典范。在该湿地中,污水被适当净化后用来养鱼,鱼产量可达2.4吨/公顷·年,同时用来灌溉,水稻产量达2吨/公顷·年。此外,还在倾倒的垃圾上种植蔬菜,并用这些经净化的污水浇灌。

以上实例可知,湿地能够有效地将水中的污染物质去除,相当于一个天然的过滤器,因此,人们形象地将其称为"自然之肾"。但是湿地对于污染物质的吸收能力是有限度的,人们应该保护湿地,控制污染物的过量排入。

### 链接

### 利用人工湿地净化水质

人工湿地生物净化技术的基本原理是在一定的填料上种植一些处理性能好、成活率高、生长周期长、根系发达、美观及具有经济价值的特选水生植物(如水葫芦、莲草、芦苇等),构成一个湿地生态系统。将污水投放到人工建造的类似于沼泽的湿地上,当富营养化水流过人工湿地时,经沙石、土壤过滤,植物根际的多种微生物活动,使水质得到净化。人工湿地的显著特点之一是其对有机污染物有较强的降解能力。废水中的不溶性有机物通过湿地的沉淀、过滤作用,可以很快地被截留,进而被微生物利用,废水中可溶性有机物则可通过植物根系生物膜的吸附、吸收及生物代谢降解过程而被分解、去除。

人工湿地生物净化系统示意图。

人工湿地处理强化生态技术不同于传统污水生化处理技术。与传统技术相比,其优点如下:

系统选用了特选的微生物酶,微生物活性高、繁殖快、适应性广,对有机物的降解速度比传统生化大大提高;

系统选用的特殊植物对污水中的氮、磷等物质吸收性强,解决了传统生化处理对氮、磷降解能力差的缺点;

系统除了能高效降解污水中的污染物,本身还是一种绿意盎然的自然景观,美化了周围环境,摒除了传统污水处理设施丑陋的外形特点。

人工湿地生物净化技术能避免用常规的化学工艺处理污水需要高投入的弊端。它造价低、处理效率高、运行经济、占地面积小且景观化。

湿地的生态功能是多方面的,除此之外,湿地还具有经济、社会等功能。

### ◆ 沿海湿地能为城市发展"献地"

湿地的土地资源是湿地资源的重要组成部分,凡土地资源不足、人口众多的沿海国家和地区,都会通过围海造陆、围垦海涂来解决土地问题。在土地资源较为丰富的国家,也常能见到在沿海滩涂进行大规模围海造陆的工程。围海造地、滩涂开发为城市建设和发展提供了宝贵的土地资源。但是,围海造陆工程耗资巨大,需要有强大的经济实力作基础,同时还要经过充分的科学论证,防止对环境和生态的破坏,特别是做好以水利工程为中心的配套建设。

**链接**

### 荷兰的须德海拦海工程和三角洲计划

荷兰地处西欧,地势低洼,全国1/4的土地低于海平面,沿海地区常被海水淹没。须德海是北海伸入荷兰陆地的一个海湾,面积约3 388平方千米,它是13世纪时,海水上升淹没大片土地形成的。1918年荷兰国会通过须德海法案,采纳了工程师莱利于1887—1891年间拟定的转垦方案。工程于1920年动工,1924年完成副堤2.5千米,1927—1932年完成32.5千米长、90米宽的须德海拦海大堤,并建有排水闸和船闸。被须德海大堤围出的大片土地,在40多年里已改造成5块大面积圩田,剩余的水面易名为艾瑟尔湖,并逐渐演变为淡水湖。1958年荷兰国会通过法案实施三角洲计划。这是一项庞大的防洪工程,计划用海堤连接岛屿,修筑堤防,建造堤坝、水闸,形成一整套防水系统,通过闸、坝的联合运行,起到防潮、拒咸蓄淡、围垦造陆、增加土地面积的作用。

随着荷兰人民围海造陆工程的大规模开展,用风车排除沼泽地的积水,在这项艰巨的工程中发挥了巨大的作用。

我国对海涂的围垦开发也有着悠久的历史。据载,西汉吴王曾征调大量民工对沿海滩涂进行开垦。我国几条大河的河口地区约有1 400万公顷土地原来是沿海滩涂地区,经过千百年的不断围垦才形成今朝之良田。20世纪90年代兴建的浦东国际机场就是位于"海堤之外,潮滩之上",通过围海促淤建成的。

### ◆ 湿地带动了相关产业的发展

湿地景观常构成一种独特的、耐人寻味的意境。而水在其景观构成中是最灵动的要素,山嵌水抱在中国文化认知中一向被认为是最佳的景观。

中国园林中,有山必有水,无水不成园。自然的、人工的湿地水景,往往是园林风景的核心。

☆ 依托湿地景观,发展湿地生态旅游

湿地生态旅游是以湿地生态环境为主要旅游对象的旅游活动。

湿地植物景观多姿多彩,意境深邃,令人心胸开阔。湿地还是鸟类等许多动物的栖息繁衍地,鸟的数量多、分布集中,可谓美景天成。

 **STS**　　　　**带上望远镜,到湿地观鸟去**

朝阳初现或夕阳西下,芦苇和草地上千鹭腾空。如此胜景,怎不令人心向往之——湿地观鸟是一项充满乐趣的户外休闲活动,通过野外观鸟,可以培养人与鸟类的感情,让我们能深切感受到"劝君莫打三春鸟,儿在巢中待母归"的含义,唤醒人们对自然生态的保护意识,鸟儿离不开湿地,湿地保护好了,人鸟才能和谐相处。

(1)观鸟规则:邀请三、五爱鸟同道之人集体活动;观鸟时,如遇见鸟类筑巢或育雏,只可远观,不可近看,更不可大声喧哗;不给野生鸟类喂食或放生进口鸟类,以免破坏鸟类的生态平衡;有些鸟类生性害羞不愿露面,不能使用不当的方法引其现身,如放录音、丢石块等;不要在鸟类栖息地随便采摘果实、捡拾底栖小动物等,因为这些都是鸟类的食物;拍摄野生鸟类,应尽量避免使用闪光灯,以免惊吓它们;观鸟时不要穿戴颜色鲜艳的衣物、饰品。

(2)观鸟准备:笔和笔记本、鸟类图谱、望远镜、照相机(配长焦距镜头)、雨具、胶鞋、防蚊虫叮咬的药水等。

(3)观鸟记录:可以设计一张表格,记录中包括以下项目:编号、观察地点、观察日期、记录者、观测者、天气描述、观察装备、环境与路线、鸟种记录(观察到多少种、每种多少只)等。

(4)上海湿地观鸟好去处:崇明东滩自然保护区、九段沙湿地、南汇滨海东滩大堤等,这些地方野生鸟类品种数量众多,是候鸟南迁北往的交通驿站,每年从西伯利亚飞往澳大利亚的候鸟都会在此停留觅食。

(5)上海观鸟最佳时节:每年3~6月,主要为鸻鹬类候鸟;9月至次年2月,主要为雁鸭类候鸟。

湿地生态系统具有重要科研地位,湿地为教育和科研提供了对象、材料和试验基地。一些湿地中保留着生物、地理等方面演化进程的信息,在研究环境演化、古地理、古生物方面都有着重要价值。

湿地的观光、娱乐、休憩、科普教育等多方面的功能,为人们开展湿地生态旅游提供了极佳的资源环境,我国许多著名的旅游风景区大多分布在湿地区域。

**链接**

### 西溪湿地公园:生态与美的统一

西溪之胜,独在于水。

"人间天堂"杭州有一块西溪湿地,面积约60平方千米。自古以"一曲溪流一曲烟"而闻名,是目前我国唯一一块大面积城市湿地,与西湖、西泠印社并称为"杭州三绝"。

西溪湿地美景早在东晋时就被开发,唐宋得以发展,明清达全盛,民国后渐衰,历经千年历史。"西溪之胜,独在于水。"水是西溪的灵魂,整个西溪因水而秀、因水而柔、因水而动。园内纵横交汇的河流、湖荡、沼泽,形成了西溪独特的湿地景致。水中常有鱼虾游过,间或有水鸟在水面上飞翔,野趣横生。西溪湿地曾有西溪八景、秋雪八景、曲水八景等独特景观,西溪香雪、河渚秋雪、柿林夕阳、竹苇深处、蒹葭泛月等景点还是观赏梅、竹、芦、花的好去处。

2003年10月杭州市正式启动了"西溪湿地综合保护工程",针对西溪天然湿地美景和古朴文化底蕴相融合的特点,以及它作为"杭州之肾"的地区生态环境调节功能,西溪湿地综合保护工程的规划设计和实施,始终坚持"生态优先、最小干预、修旧如旧、注重文化、以人为本、可持续发展"的6条基本原则,使生态、社会和经济效益相统一,让自然生态和人文生态和谐共存、相得益彰。

2005年2月,西溪湿地公园被正式列入国家湿地公园名录。

**STS**　　　　　　　　　湿地中国

(1)观看"美丽中国·湿地行"节目视频。

为了展现我国在湿地保护领域所取得的巨大成就,探索湿地保护的先进经验,从而唤起公众珍爱湿地、守护湿地的意识，以切实有效的行动让"地球之肾"健康成长，中央电视台于2013年5月正式启动"美丽中国·湿地行"大型公益活动。可点击http://www.shidi.org/zt/zmsd/观看节目视频。

（2）关注湿地微博和湿地中国网微信。

湿地微博：http://widget.weibo.com/relationship/followbutton.php?btn=red&style=1&uid=3300581374&width=67&height=24&language=zh_cn#。

湿地中国网微信账号：shidiorg。

## 链接

### 湿地具有重要的经济价值

天然湿地生态系统具有较高的生产力，其生产力甚至超过集约化经营程度很高的农业生产系统。就单位面积而言，从湿地中获得的经济效益，比其他生态系统（包括湿地排干后形成的生态系统）要高得多。

据测算，全球生态系统的总价值约为33万亿美元，仅占陆地面积6%的湿地生态系统价值就高达5万亿美元。据估计，我国的生态系统总价值约为7.8万亿元人民币，但是占国土面积3.77%的湿地生态系统价值则高达2.7万亿元人民币。我国单位面积湿地的生态价值约为其他生态系统平均水平的10倍。

☆ 湿地农业的发展

湿地农业指在天然湿地基础上改造成以水稻田、芦苇塘、鱼塘、小型水库为主体的农、林、牧、副、渔综合发展的人工农业复合生态系统。湿地对生物种群的存续、筛选和改良均有重要意义。可利用湿地野生物种的基因来改善经济物种，如提高经济物种的营养成分和产量、降低病虫害等。

我国早在春秋战国时期就开始认识与利用湿地，针对南方多雨的特点，在有效排水和湿地的农业利用方面创造了一套成功的方法发展湿地农业，种植作物主要为水稻。如珠江三角洲形成了著名的"基塘生产"农业生态系统，包括桑基鱼塘、果基鱼塘、蔗基鱼塘和花基鱼塘等；长江下游地区则有所谓"圩田"的湿地利用方式。

珠江三角洲的基塘生产。

在粮食生产方面,"水稻之父"袁隆平教授,利用海南岛湿地中的野生稻,开创了大面积利用杂交水稻的新局面,降低育种成本,提高了种籽产量,水稻产量也大幅度增加。

湿地提供的莲、藕、菱、芡及鱼、虾、贝、藻类等都是富有营养的副食品。有许多湿地动植物还是发展工业生产的重要原材料,如芦苇就是重要的造纸原料。

在湿地农业经营中,除了要保护好依然存在的部分自然湿地、发挥湿地的生物和生态功能外,农业经营的本身还或多或少要受到湿地特征的影响。如何根据湿地特征进行农业经营,如何处理好湿地开发、利用与保护之间的关系,是湿地农业所要解决的关键问题。

☆ 提供能源和矿产资源

湿地丰富的盐类资源,不仅赋存大量的食盐、芒硝、天然碱、石膏等普通盐类,而且还富集硼、锂等多种稀有元素,在国民经济中的意义重大。我国的青藏、蒙新地区的咸水湖和盐湖分布相对集中,盐的种类齐全,储量极大。我国在对湖盐资源的利用同时,也建设、完善了湖盐生产基地和盐化工生产基地等。

湿地可以通过各种方式提供能源,最普通的就是水电、薪柴和泥炭,河口港湾蕴藏着巨大的潮汐能。世界上一些重要油田大多分布在湿地区域,湿地区域的地下油气资源开发利用,在国民经济中发挥着重要作用。

☆ 湿地为生态城市添彩

城市中的湿地弥足珍贵,无论是天然湿地,还是人工湿地,通过园艺师的悉心设计,除满足居民游憩、观赏需求外,更有美化环境、调节气候、再现自然,提高城市景观的环境质量、提升城市文化内涵等功能。"城市有天然植被区吗?有多少种天然植物?生物种类要多样、本土、天然。"这是当今国际上考察生态城市最重要的指标。

**【生态城市】**

　　1971年，联合国教科文组织在第16届会议上，提出了"关于人类聚居地的生态综合研究"，"生态城市"的概念开始受到全球关注。它是一个经济高度发达、社会繁荣昌盛、人民安居乐业、生态良性循环四者保持高度和谐，城市环境及人居环境清洁、优美、舒适、安全，失业率低，社会保障体系完善，高新技术占主导地位，技术与自然达到充分融合，最大限度地发挥人的创造力和生产力，有利于提高城市文明程度的稳定、协调、持续发展的人工复合生态系统。生态城市具有和谐性、高效性、持续性、整体性、区域性和结构合理、关系协调七个特点。

　　生态城市的发展目标是要实现人与自然的和谐，包括人与人的和谐、人与自然的和谐、自然系统的和谐三方面的内容。其中，追求自然系统和谐、人与自然和谐是基础和条件，实现人与人和谐是生态城市的目的和根本所在，即生态城市不仅能"供养"自然，而且能满足人类自身进化、发展的需求，达到"人和"。如今，生态城市已被公认为是21世纪城市建设模式。美国世界观察研究所在其调查报告《为人类和地球彻底改造城市》中指出，无论是工业化国家还是发展中国家，都必须将规划本国城市放在长期协调发展战略的地位，而其大方向只能选择走生态化的道路。

**链接**

## 江湾湿地

　　位于上海东北角的江湾湿地，前身是江湾机场，长期以来是军事用地，1997年4月30日机场用地正式交还上海。

　　长期以来，较少的人为干扰使江湾机场慢慢恢复了自然生态。上海本土的北亚热带植被正在茁壮成长，昆虫、鱼类、两栖、爬行动物、鸟类、小型兽类正在欣然回归。这里少有人为的干扰，处处野趣横生。作为国际化都市里最后一块天然湿地，被誉为本土生物的"救生圈"。

　　面对房地产商推土机的步步逼近，一大批学者、环保主义者和居民为拯救江湾湿地而努力。现江湾地区正建设为新江湾城，整个新江湾城区分为江湾天地、复旦江湾

"时有幽花一树明"的江湾湿地。

新校区、江湾城公园、自然花园、都市村庄、知识商务中心等六大板块。位于新江湾城南端的生态源,即经过70多年封闭和演化所形成的江湾湿地,目前可称之为一个有多种动植物的生态大绿岛。为保护此原始生态区域不被破坏,在规划上采用封闭的形式来保护这个生态源,并且在其外侧建设一个生态展示馆。

这里是大都市中的一片净土,有着如此静谧与美丽。但是其前途未卜,不知哪一天,也许她会被幢幢高楼所取代,想来叫人感怀!

# 3. 湿地面临的威胁

## ◆ 湖泊的急剧减少和消失

近年来,由于盲目的农业开垦,全国湖泊因为围垦而丧失的容积高达350亿立方米以上,相当于我国五大淡水湖的总蓄积量,近千个中小湖泊因围垦而消失,这大大削减了江河湖泊调蓄洪水的能力,增加了洪涝灾害风险,成为制约我国可持续发展的巨大障碍。如1998年长江洪涝本不及1954年洪水流量大,但造成的损失却远远大于1954年,湖泊天然调蓄能力的减少不能不说是一个重要原因。而气候暖干趋势也造成了20世纪50年代以来青海湖等西北内陆湖泊发生显著收缩。

西北干旱区主要湖泊的变化

| 湖 名 | 20世纪50年代统计（单位：平方千米） | 20世纪60年代地形图（单位：平方千米） | 20世纪70年代后期卫星图像（单位：平方千米） | 20世纪80年代（单位：平方千米） |
|---|---|---|---|---|
| 艾比湖 | 1 070 | 823 | 522 | 600（1987年9月卫星图像） |
| 博斯腾湖 | 996 | 980 | 930 | 864（1986年实测） |
| 布伦托海 | 835 | 790 | 770 | 765（1987年8月实测） |
| 玛纳斯湖 | 350 | — | 59 | 0 |
| 赛里木湖 | 454 | 454 | 457 | 457（1986年7月卫星图像） |
| 巴里坤湖 | 140 | 114 | 88 | 90（1988年12月卫星图像） |
| 艾丁湖 | 124 | — | 23 | 近于消亡 |
| 岱海 | 200 | 152 | 140 | 118（1988年5月卫星图像） |
| 黄旗海 | 133 | 72 | 68 | 55（1988年5月卫星图像） |
| 青海湖 | 4 568 | — | — | 4 340（1981年卫星图像）4 304（1986年航片） |

资料来源:《西北干旱区湖泊的近期变化》。

## ◆ 对湿地的盲目开垦和改造

盲目地进行农用地开垦、改变天然湿地用途和城市开发占用天然湿地,直接造成了天然湿地的面积消减、功能下降。对三江平原的大规模开垦,是我国沼泽湿地减少的典型例子。三江平原的开垦始于20世纪50年代末,经过几十年的垦殖,大部分沼泽均被开荒利用,仅三江平原的东北部还剩少量湿地。沼泽湿地被大量开垦后,湿地所具有的调蓄洪水、调节气候的能力丧失,使该区洪涝灾害加剧、降雨量减少、区域气候变干,同时由于地表植被破坏,风蚀日益加剧,致使土壤肥力下降,局部地区出现沙化和盐碱化,已垦土地的生产力普遍呈下降趋势。由于城市化发展,沿海地区湿地总面积的50%已消失。

### 数据库

18世纪80年代,欧洲人刚踏上美洲大陆时,美国本土上的湿地面积是8 900万公顷,经过200年的发展,即到20世纪80年代,仅剩4 200公顷,减少了53%。湿地被转作他用,虽然为美国创造了巨大的经济效益,但却为美国人的未来蒙上了阴影。

## ◆ 生物资源过度利用

重要的经济海区和湖泊,滥捕滥捉鱼类鸟类等现象十分严重,不仅使重要的鱼类、鸟类等资源受到很大的破坏,而且也严重影响着这些湿地的生态平衡,威胁着其他水生物种的安全。

### 链接

### 崇明"鸟膳"成风,栖鸟筷下鸣冤

2005年1月,《文汇报》登载了一条触目惊心的新闻:"崇明'鸟膳'成风,栖鸟筷下鸣冤",报道了崇明东滩许多鸟类被残杀的事实。

据调查,崇明东部地区猎鸟的农户逾百户,鸟枪和捕鸟的网具毫不掩饰地堆放在家中。此外还有一些来自江浙地区的渔民也在东滩猎鸟,他们捕鸟的设备较好,捕鸟技术更为专业,从普通的候鸟到国家重点保护动物天鹅,都在他们的捕捉之列。他们捕捉到的鸟类大多售给岛上一些经营"鸟膳"的酒店。据保守统计,每天有上千只鸟成为"筷下冤魂"。

## ◆ 湿地水资源的不合理利用

湿地是工农业和居民生活的主要水源地,过度的和不合理的用水已使湿地供水能力受到重大影响。

**修建水利工程的得与失**

　　非洲的奥卡万戈河发源于安哥拉高地，流经纳米比亚和博茨瓦纳，并在河口形成了奥卡万戈三角洲。这个面积为1.5万平方千米的三角洲是卡拉哈里沙漠中的一块绿洲。三角洲内有沼泽、运河、湖泊、岛屿，地理景观十分丰富。由于水量丰富，这块绿洲为动植物提供了栖息地，豹、狮、猎豹、野狗、羚羊、鸟类等野生动物种群数量很大。这块土地上还供养了来自30多个部落的大约13万人，不断发展的旅游业为这里提供了几千个就业机会，每年上交几亿美元的税收。当地居民很重视对三角洲地区野生动物及水资源的保护，奥卡万戈河是世界上为数不多的几条没有受到人类活动干扰的大河之一。

　　1982年，博茨瓦纳政府开始了奥卡万戈河水利综合开发工程。由于当地居民对这一工程提出了强烈的不满，政府决定聘请国际自然和自然资源保护协会的有关专家就工程可能对当地环境造成的影响进行评估。评估结果认为工程建成并不能达到增加食物的产量和提高人民生活水平的目的。博茨瓦纳政府最终取消了这项综合开发计划。

奥卡万戈河形成的三角洲是卡拉哈里沙漠的绿洲。

◆ **湿地污染加剧**

　　污染是中国湿地面临的最严重威胁之一，湿地污染不仅使水质恶化，也对湿地的生物多样性造成严重危害。目前许多天然湿地已成为工农业废水、生活污水的承泄区。

◆ **泥沙淤积日益严重**

　　长期以来，一些大江、大河上游水源涵养区的森林资源遭到过度砍伐，导致水土流失加剧，影响了江河流域的生态平衡。

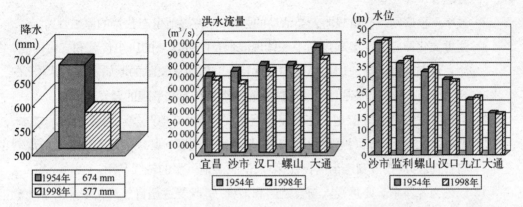

长江流域1954年和1998年的降水、洪水流量及水位的比较分析。

　　由图表可知,1998年的长江流域降水比1954年的少,洪水流量也比1954年的少,但水位却比1954年的高,试分析原因。

◆ 海岸侵蚀不断扩展
　　海浪、潮流台风、植被破坏、开采矿物和砂石,是造成海岸侵蚀的主要因素。

# 4. 湿地的保护

链接

## 中国启动湿地保护行动计划

　　经国务院批准,由国家林业局组织牵头制定的《中国湿地保护行动计划》的目标,是在2005年前基本遏制住因人为因素导致的天然湿地数量下降的趋势,扩大湿地保护区面积,建设10处国家级湿地保护与合理利用试验示范区,基本形成中国湿地生物多样性就地保护网络体系。到2020年,通过实施退耕还林、退田还湖、疏浚泥沙等综合治理措施,使退化的湿地得到不同程度的恢复和治理,发挥明显的生态、经济和社会效益。

◆ 提高公众意识,开展湿地调查,宣传保护湿地
　　国际湿地公约认为,"湿地是具有巨大经济、文化、科学及娱乐价值的资源,其损失将不可弥补"。因此,在湿地综合开发的过程中,应该坚持以下原则:

◎ 生态优先原则。要保护湿地区域地形、地貌、水域的原生性,加强湿地生态植被的培育和自然修复功能,体现生物多样性原则,突出湿地的自然和野趣。

◎ 最小干预原则。适当减弱人类活动的强度,保持湿地生态独特的原生性。

◎ 注重文化原则。在湿地规划中要体现湿地及附近区域的历史传统和文化内涵,注意发掘和渲染湿地周边地区的文化特色。以历史文献的原始资料为依据,在开发湿地的同时,加强对湿地自然环境的修复和人文景观的开发。

◎ 可持续发展原则。湿地生态环境一旦遭受破坏,湿地开发也将成为无源之水、无本之木。因此,保护湿地生态环境是永恒的主题。必须加强湿地开发的规划与管理,形成投入和产出的良性循环,实现湿地资源的持续利用。

◎ 以民为本原则。要重视人与自然的和谐统一,既要遵循自然演化规律对湿地资源适度开发,也要满足当地经济发展、居民就业以及满足国内外游客寻踪访古、回归自然、陶冶情操的需要。

 **话题争鸣**

关于湿地开发与保护的争论可谓众说纷纭。一位专家曾说:"完全不开发做不到,只能引导性地进行开发。要立法规定什么湿地是必须完全保护的,什么湿地是可以适当开发利用的。"谈谈你对此的看法。

**链接**

### 世界湿地日

每年的2月2日为世界湿地日(World Wetland Day),这是国际湿地组织于1996年3月确定的。从1997年开始,世界各国在这一天都举行不同形式的活动来宣传保护自然资源和生态环境。

1971年2月2日,一个历时8年之久旨在保护和合理利用全球湿地的公约《关于特别是作为水禽栖息地的国际重要湿地公约》(简称《湿地公约》)在伊朗拉姆萨尔签署。为了纪念这一创举,并提高公众的湿地意识,1996年《湿地公约》常务委员会第19次会议决定,从1997年起,每年的2月2日定为"世界湿地日"。

目前,该公约已成为国际重要的自然保护公约之一,1 000多块在生态学、植物学、动物学、湖沼学或水文学方面具有独特意义的湿地被列入国际重要湿地名录。

中国于1992年1月3日被批准加入该公约,1992年3月31日递交加入书,1992年7月31日对中国生效。中国于当年通过申请,将首批7个湿地保护区(黑龙江省扎龙、吉林省向海、江西省鄱阳湖、湖南省东洞庭湖、海南省东寨港、香港特区米埔和青海省鸟岛等)列入《国际重要湿地名录》。国家林业局还专门成立了《湿地公约》履约办公室,通过广泛的国内外合作,提高中国湿地保护的履约能力。

《湿地公约》的宗旨是通过各成员国之间的合作,加强对世界湿地资源的保护及合理利用,以实现生态系统的持续发展。

### ◆ 保护好湿地类型的自然保护区,充分发挥保护区的生态功能

我国湿地自然保护区分为国家、省、市和县四级,建立湿地自然保护区能够在提供多种水产品和农产品、提供优美景观的同时,实现调蓄江河洪水、栖息野生动植物、净化污染物、自恢复和自组织等多种功能。

 **数据库**

**我国被列入《国际重要湿地名录》的湿地(截至2014年12月)**

| | |
|---|---|
| • 黑龙江扎龙湿地 | • 广东惠东港口海龟栖息地 |
| • 吉林向海湿地 | • 广东湛江红树林湿地 |
| • 青海青海湖(鸟岛) | • 广西山口红树林 |
| • 湖南东洞庭湖 | • 辽宁双台河口湿地 |
| • 鄱阳湖自然保护区 | • 云南大山包湿地 |
| • 海南东寨港湿地 | • 云南碧塔海湿地 |
| • 香港米埔-后海湾湿地 | • 云南纳帕海湿地 |
| • 黑龙江三江湿地 | • 云南拉市海湿地 |
| • 黑龙江兴凯湖湿地 | • 青海鄂凌湖湿地 |
| • 黑龙江洪河湿地 | • 青海扎凌湖湿地 |
| • 内蒙古鄂尔多斯湿地 | • 西藏麦地卡湿地 |
| • 内蒙古达赉湖湿地 | • 西藏玛旁雍错湿地 |
| • 辽宁大连斑海豹栖息地湿地 | • 若尔盖湿地国家级自然保护区 |
| • 湖南南洞庭湖湿地 | • 上海市长江口中华鲟湿地自然保护区 |
| • 湖南西洞庭湖湿地 | • 广东海丰湿地 |
| • 江苏大丰麋鹿国家级自然保护区 | • 湖北洪湖湿地 |
| • 江苏盐城自然保护区 | • 福建漳江口红树林国家级自然保护区 |
| • 上海崇明东滩 | • 广西北仑河口国家级自然保护区 |
| • 浙江杭州西溪国家湿地公园 | • 山东黄河三角洲国家级自然保护区 |
| • 黑龙江七星河国家级自然保护区 | • 黑龙江东方红湿地国家级自然保护区 |
| • 黑龙江南瓮河国家级自然保护区 | • 吉林莫莫格国家级自然保护区 |
| • 黑龙江珍宝岛国家级自然保护区 | • 湖北神农架大九湖湿地 |
| • 甘肃尕海则岔国家级自然保护区 | • 武汉沉湖湿地自然保护区 |

随着社会的发展、人民生活水平的提高,要完全对湿地不予触动是根本不可能的。我们应在利用与保护之间寻找平衡点,确立"依法保护、合理利用"的动态保护原则,使之达到可持续利用。

在制定湿地开发和保护规划时,需用科学的态度测算出湿地保护的最低限度标准。在此标准范围以内,绝不允许人为的侵害。比如在围海造陆、利用滩涂资源这个问题上,我们不能过度地围垦滩涂。因为滩涂有自身的生长发育规律和时间,过度的围垦将不利于湿地生态环境的良性发展。

## ◆ 保护湿地生物多样性,使湿地生态资源更丰富

**链接**

### 浦东机场与鸟群分享蓝天

上海浦东国际机场的建设围圈了大片江边湿地,占领了候鸟迁徙的通道。怎样才能避免发生鸟群撞机事故呢? 1997年,一个"种青促淤引鸟"为鸟类重新选个栖息地的生态工程,在与浦东国际机场隔江相望的九段沙的中沙开始实施。几年之后,九段沙生态工程种植区内,芦苇和互花米草以每年120多公顷的速度向外扩散,海三棱藨草群落、芦苇群落和互花米草群落几乎同时发育,起到促淤的作用,九段沙潮上带的面积显著增加。候鸟饵料增加,使曾经出没在机场上空的150多种鸟类,已有70%在11千米外的九段沙上空出现,飞临浦东机场的鸟类明显减少。浦东国际机场也成为全球沿海一级机场中新建3年内没有发生飞鸟撞机纪录的唯一一家机场。

浦东国际机场隔江相望的九段沙成为鸟类的新栖息地。

## ◆ 恢复已经丧失的湿地面积

逐步"退田还湖、退田还湿",通过补充湿地生态用水、污染控制以及对退化湿地的全面恢复和治理,使丧失的湿地面积得到较大恢复,使湿地生态系统进入一种良性状态。

## ◆ 开展湿地公园建设

在城市中开展湿地公园建设,也是很好的一项措施。兼有物种及其栖息地保护、生态旅游和生态环境教育功能的湿地景观区域,都可以称为"湿地公园"。建设部已出台文件,强化了城市湿地公园规划设计中应注意的问题,使其和谐规范发展。建立湿地公园示范区,可以在政策、体制、机制、科研、经营、管理等方面起到示范与导向作用。

**链 接**

### 香港湿地公园

香港湿地公园占地60余公顷,坐落在香港新界西北部天水围地区,北临后海湾,海湾对岸是广东省深圳市和蛇口地区,东面、西面有小丘,南面是洪水桥地区。这个地区是列入国际重要湿地名录的米埔-后海湾湿地,是河流冲积和海湾沉积形成的一块沼泽洼地。香港湿地公园是一块人工湿地,起到分隔天水围与米埔-后海湾湿地的生态缓冲区作用,并补偿因天水围城市化而失去的湿地面积。

香港湿地公园生态缓冲的功能是利用天然水资源,重建淡水和咸淡水生态栖息地。咸淡水栖息地依赖于自然的潮汐运动,而淡水湖和淡水沼泽则利用来自天水围城区排放的雨水作为主要水源。这些雨水首先收集在一个沉降池中,通过水泵提升到天然芦苇过滤床中净化,然后通过重力作用流入淡水湖和沼泽。

该湿地设计坚持环保优先的原则。游客踏足公园会很容易见到许多顾及环保的设计。室内游客中心占地约1万平方米,设有多个展览馆,而主馆则隐藏在一片草坪之下,从公园入口看,仿佛是一座绿色的山丘。这一设计除了考虑环境美学因素外,也有助于提高主馆建筑的能源使用效率。屋顶的建造形式减少了太阳辐射的吸收,使得这座建筑的热传导值非常低。游客还可以在缓缓倾斜的草坡屋顶上漫步,欣赏周围的湿地风光。在有河道贯穿、连接室外湿地的中庭、展廊和洗手间大量采用木制百叶装置,既有遮阴效果,又有噪音和视觉屏障作用,尽量减低对已经在湿地定居、繁殖的水鸟造成的影响。

香港湿地公园是香港一个新的生态旅游景点,兼备环保、科普及观光等功能,是环境保护实践和可持续发展两者相结合的成功范例。

为了生命之水,让我们行动起来,共同保护湿地。

# 专题四　循环经济与垃圾资源化

　　大地给予所有的人以物质的精华,而最后,它从人们那里得到的回赠却是这些物质的垃圾。

　　　　　　　　　　　　　　　　　　　　　　——美国著名诗人惠特曼

　　进入21世纪以来,"循环经济"一词频频出现在媒体上,我国把发展循环经济、建立资源节约型、环境友好型的社会作为国家可持续发展的重要战略措施。

## 1. 循环经济及"3R原则"

【循环经济】

　　循环经济是指遵循自然生态系统的物质循环和能量流动规律,重构经济系统,使其和谐纳入自然生态系统物质能量循环利用过程,以产品清洁生产、资源循环利用和废物高效回收为特征的生态经济发展形态。其思想萌芽可追溯到环境保护兴起的20世纪60年代。它是一种"资源→产品→再生资源"的新型经济增长模式,而非传统的"资源→产品→垃圾"单向流动的经济运行模式,这有利于解决我们面临的资源紧缺和环境污染问题,提升经济运行质量和效益。

　　循环经济提倡遵循"3R原则"。

◆ 减量化原则(Reduce)

　　要求用较少的原料和能源投入来达到生产或消费的目标,从生产的源头就节约资源与减少污染。比如产品追求小型化、轻型化,包装要求简单朴实,以达到减少废物排放的目的。

## ◆ 再使用原则(Reuse)

要求制造产品与包装容器能以初始状态反复使用,尽量延长产品的使用期。要降低一次性用品的生产量,减少如餐巾纸、一次性餐具、清洁用具的使用。

## ◆ 再循环原则(Recycle)

要求产品在使用后能成为可以回收的资源,一种是原级再循环,如废铁炼钢、废纸制成再生纸;另一种是次级再循环,即回收资源制成其他产品。原级再循环的资源利用率远比次级再循环高得多。

**链接**

### 东京减排模式

东京"限量及交易"(cap and trade)计划面临的两个关键问题,分别是该计划能否奏效和该计划能否被复制。

东京在这两方面都做得不错。东京于2010年4月出台的首个强制性碳排放交易计划取得成功,尽管那些偶尔去池袋霓虹灯闪烁的酒吧的游客可能很难看出电力消费下降的迹象。

写字楼楼主可自主决定如何降低用电量。有些人用能耗较低、放在桌子上的照明设备替代挂在头顶上方的管灯;有些人重新调校老式空调设备,移除地下停车场的风扇;许多卫生间在夏天不再提供热水、在冬天不再提供加热马桶座圈。

2011年4月,东京的计划实施一年的时间里,碳排放总量与基准年相比下降了13%,明显高于整个日本约7%的降幅。此外,在2012年3月前提交报告的机构中,逾25%已超额完成2019年的减排目标。

# 2. 垃圾围城令人忧

垃圾是指人们在日常生活、生产和其他活动中产生的固态或半固态的废弃物。

有人把当今我们这个享受人类文明的社会,称之为"用过就扔的社会",此话并不过分。据说,在物质高度富裕的美国,更新换代的周期愈来愈短,垃圾的堆放和处理便成为许多美国人头疼的事儿。近年来,发展中的中国也呈后来居上的态势,垃圾"围城"现象毫不逊色于发达国家。

### ◆ 城市垃圾污染

城市中每天在产生着各种类型的垃圾,除了生活垃圾以外,还有建筑垃圾、工业垃圾等。建筑垃圾也称为渣土,主要是废弃的建筑材料;工业垃圾主要是燃料废渣和生产加工过程中的废料,其中会存在有毒有害物质。而生活垃圾的组成成分最复杂,丢弃的食品、粪便与医院垃圾都存在疾病传染的可能。不同地域(如北方与南方)和不同的季节(如夏季与冬季)的生活垃圾存在着数量的差异与组成成分的不同。生活垃圾与每个人都有关系,生活垃圾产生的环境问题也影响着每个人。

### 数据库

2005年,我国城市人均垃圾产量440千克/年,现有城市近700座,日产生活垃圾约亿吨,并以每年8%～10%的速度递增。

从卫星照片上看,我国400多座大中城市已被成千上万座垃圾填埋场包围,占用土地5亿平方米,对土壤、地下水、大气造成的现实和潜在污染相当严重。

航空遥感测量显示,某直辖市郊区50平方米以上的垃圾堆就有7 000多个。

**链接**

#### 上海城市垃圾不断增长

上海市的土地面积约占全国土地面积的0.06%,人口数量约占全国人口总数的1%,但上海市每年生产的垃圾量约占全国城市垃圾总量的5%。

据统计,上海的生活垃圾日产量从1990年的8 620吨已增加到2012年的1.96万吨。

### 数据库

#### 部分垃圾自然分解的时间

| | 纸、车票 | 火柴棍 | 橘子皮 | 羊毛织物、烟头 | 经油漆刷过的木地板 | 尼龙织物 | 皮革 | 铁罐 | 塑料、打火机 | 铝制易拉罐 | 玻璃瓶 |
|---|---|---|---|---|---|---|---|---|---|---|---|
| 自然降解时间 | 3~4个月 | 6个月 | 2年 | 1~5年 | 13年 | 30~40年 | 50年 | 100年 | 100~200年 | 200~250年 | 4 000年 |

这表明一次不经意丢弃的垃圾,可能造成的环境污染会影响好几代人。

### ◆ 垃圾问题"四最"

固体废物与废气、废水等环境问题相比,有其独特的复杂性,成为"三废"中最难处置的一种。垃圾问题具有"四最"特征:

◎ 垃圾最难处置。因为垃圾中的成分相当复杂，其物理性状（体积、流动性、均匀性、粉碎程度、水分、热值等）也千变万化，处理垃圾需要以垃圾分类为前提。

◎ 垃圾污染最具综合性。垃圾污染同时也伴随产生水污染及大气污染问题。在对垃圾进行填埋时，就必须考虑垃圾渗沥液对地下水的污染，所以还要具备污水处理及对释放的废气进行处理的能力，并且考虑填埋的地理位置和空间大小问题。

◎ 垃圾污染最晚被重视。垃圾的污染问题较之大气、水污染是最后引起人们注意的，也是最少得到人们重视的污染问题。

◎ 垃圾在人类生活中最不可避免。人们每天都在产生垃圾、排放垃圾，同时也在无意识中污染我们的生存环境，垃圾问题的源头是我们每一个人。

垃圾问题与我们每个人都密切相关，所以了解垃圾问题对环境的影响，可以提高大家对自己生存环境质量的关注，提高全民的环境道德素质。

**链接**

## 生活垃圾的分类处理

生活垃圾一般分为四大类：可回收垃圾、厨余垃圾、有害垃圾和其他垃圾。

可回收的垃圾包括纸张、金属、塑料、玻璃等，通过回收利用、综合处理，可以减少污染、节省资源。如每回收1吨废纸可以造850千克再生纸，节省木材300千克；每回收1吨塑料饮料瓶可获得0.7吨二级原料；每回收1吨废钢铁可以炼好钢0.9吨，比用矿石冶炼节省成本47%，减少空气污染75%，减少97%的水污染和固体废物。

厨余垃圾包括各种废弃的剩余食品（如饭菜、骨头、菜叶等），经过生物处理堆肥，每吨可以产生0.3吨有机肥料。

有害垃圾包括废电池、废日光灯管、废水银体温表和过期药品等，现在对废旧家电产品如手机、电脑显示屏和集成电路板中存在的有害物质也引起了高度重视。

其他垃圾包括砖瓦陶瓷、渣土粉尘等无法回收利用的废弃物。

对于这些生活垃圾的一般处理方法是：首先考虑能否综合利用，其次是根据废物的性质，进行堆肥、焚烧、填埋。

**链接**

## 上海垃圾分类物流模式

上海市生活垃圾将全程实现分类物流模式：

分类投放→分类收集→分类运输→分类处置。

对于厨余垃圾，制定近、中、远期分类处置规划。2011年主要依托现有餐厨垃圾处理厂，开展闵行区餐厨垃圾管理试点示范区，浦东、嘉定等区进行菜场垃圾专项收运处置系

统试点建设。

对于可回收垃圾,落实资源化利用流向,如设置定点的玻璃回收处理点。

对于有害垃圾,到固体废物处置中心安全填埋。

### ◆ 把垃圾填埋场转化为循环经济园区

目前,处理生活垃圾有三种方式,即堆肥、焚烧和填埋。在我国,约70%的生活垃圾采取填埋的方式。

垃圾填埋场要占用大量的土地。现在上海共有200多处垃圾堆场,最大的是老港垃圾填埋场,总占地面积已经与虹桥国际机场差不多,填满垃圾,堆积成"山"。所以有专家提出,要用厚厚的聚乙烯膜把垃圾山包裹起来,上面覆盖黄土,植树种草,成为一座生态园、游乐场甚至高尔夫球场。在北京通州区次渠镇的北神树填埋场,"垃圾山"的山坡已是绿草茵茵了。

德国的环保专家曾把20年前的垃圾场重新挖开,利用现在的技术对已经填埋的垃圾再进行分类,筛选其中可以焚烧或者再次利用的垃圾,这样把填埋场的空间腾出承装新的垃圾。

上海的环保专家也对老港一期填埋场进行了小规模的复垦试验,发现已经填埋10多年的垃圾已经没有臭味,用专门的设备进行分拣,其中约40%的腐殖质可以用来改造盐碱土,约有30%的砖块渣土可以回填造地,这样使垃圾填埋场成为循环经济产业园区。

 **STS** 　　　　　　**了解自己所在城市的垃圾处理技术**

世界各国根据各自情况,采取了各有重点的技术处理城市生活垃圾。请同学调查本城市对生活垃圾处理的主要技术方法,并与其他一些处理较好的城市进行比较,发现并得到一些启发。

**不同城市处理方法比较表**

| 处理方式 | 填埋(%) | 焚烧(%) | 堆肥(%) | 减量化(%) | 资源化(%) |
|---|---|---|---|---|---|
| 本 城 市 | | | | | |
| 对比城市 | | | | | |

请同学结合自己的调查结果及自身的实际经验,为家庭和班级制定一种减少垃圾和利于垃圾处理的方案,由同学进行比较和评比,选出最优方案向社区及学校推荐。

# 3. 回收垃圾中的困惑

从垃圾分类到垃圾回收,再进入垃圾的再循环使用,这应该成为我们推行循环经济的理想模式。由于受技术与经济的制约,加上人们观念与行为上的滞后,使我们在回收与利用垃圾中还存在不少困难。

## ◆ 废旧电池的危害

早在20世纪90年代,上海某报刊报道过这样一件事情:一位德国专家在上海虹桥机场登机前接受安全检查时,检查人员发现他的行李中有许多废电池,于是询问他为何要带废电池。那位专家回答:"在中国我找不到回收废电池的地方,所以只好带回德国去丢在专门的回收箱里。"这件事在社会上引起很大反响,当时大家都看到了我们与发达国家在环保意识方面存在很大的差距。

1998年,上海开始启动了回收废电池工作。经过许多年的宣传,社会上逐渐重视了废电池的回收。在学校、社区、商场里也能看到废电池的回收箱,但目前的回收率仍然非常低,在上海不足5%,而全国的废电池的回收率更是只有2%左右。我国是电池生产与消费的大国,产量占全球三分之一,约有一半是在国内消费的。随着生活水平的提高,人们使用电池会越来越多。所以既要提高废电池的回收率,还要对废电池进行处置,这两者都是很大的难题。

**链接**

### 一节普通电池的危害

研究显示:一节一号电池烂在土地里,会使一个平方米的土壤永久失去利用价值,一颗纽扣电池会使600吨水无法饮用,这个数字相当于一个人一生的饮水量。普通电池中含有汞、铅、镉这三种对人体危害很大的重金属元素。如果随意丢弃废电池,渗出的汞等有毒有害物质会进入土壤、污染地下水,进而通过食物链最终进入人体,危害健康。其中铅能导致神经系统神经衰弱、手足麻木,消化系统消化不良、腹部绞痛,血液中毒和其他病变。精神状态改变是汞中毒的一大症状。汞使脉搏加快,肌肉颤动,口腔和消化系统病变。镉、锰主要危害神经系统。20世纪50年代发生在日本的水俣病就是由于汞中毒而引起的。当时由于有一家化肥公司不断向海湾排放含汞的废水，这里的居民又长期食用海鱼，使得汞进入了人体。汞侵入人体后，会发生神经麻痹，使得步态不稳、全身痉挛，最终在痛苦中死去。后来日本政府花了14年时间治理这片海湾，甚至把海底的淤泥都清理了，才清除了汞金属等有害物质。

我国是电池生产与消费的大国，随着生活水平的提高，人们使用产生的废电池越来越多。

废电池回收箱。

### ◆ 回收废电池的困惑

　　废电池污染及其处理已成为目前社会关注的环保焦点之一。废电池中的汞会严重危害环境，因此我国规定：电池中汞的含量小于0.001%的属于无汞电池。自2006年起，国内只能销售无汞电池。尽管如此，电池中所含的微量汞毕竟对环境还是有负面影响的。

　　由于目前缺乏有效回收的技术经济条件，所以国家不鼓励集中收集已达到国家无汞要求的废一次性电池。在实现了无汞电池的生产与销售以后，废电池的收集重点是对人体健康和生态环境危害较大、列入危险废物控制名录中的以下三种废电池：含汞电池，主要是氧化汞电池（尽管我国一些大型电池生产企业已经开始生产无汞电池，但是大量中小企业生产的仍然是含汞电池，因其价格便宜、应用面广，销售量相当大）；可充电电池（如铅酸蓄电池，主要应用在汽车、电动自行车、通讯备用电源和应急电源等方面）；含镉电池，主要是镍镉电池（普遍用于手机、电动工具、电动玩具等方面，是一种可充电电池）等。

### 链接　　　　我国电池生产与回收利用的不平衡

　　我国是电池生产和消费大国，并且还在高速发展。报告显示，2004年我国电池产量已超过280亿只，电池生产的每10家受访企业中有6家正在提高产量，幅度为5%至20%。

无汞电池中含有铁、锰、锌等可利用的物质,因此从化废为宝的角度来看,无汞废电池也应该回收。但是,我国废电池回收产业却规模小、发展慢,我国锌的回收率仅3.14%,而发达国家的二次资源回收率已达到锌产量的30%,其中的差距显而易见。

在瑞士、日本、德国都有电池回收加工厂,从废电池中提炼有用的金属。不过,这些回收设备需要进行规模生产,才能有经济效益。

在我国,建设一个废电池回收处理厂,需要投资1 000多万元,而且每年至少要有4 000多吨废旧电池作为原料,工厂才能正常运转。实际上,要回收这样大数量的废电池,在目前十分困难。以北京为例,在大力宣传和鼓励下,3年才回收了200多吨。在环保模范城市杭州,废电池的回收率也仅10%。据了解,目前瑞士和日本已建好的两家加工利用废旧电池的工厂,也经常因"吃不饱"而处于停产状态。这不得不让我们慎重考虑投资效益的问题。此外,有专家认为,由于电池污染具有周期长、隐蔽性大等特点,其潜在危害相当严重,处理不当还会造成二次污染。如我国沿海某省的一些农民在回收铅酸蓄电池中的铅时,因为回收处理不当,把含有铅和硫酸的废液倒掉,不仅造成了铅中毒,而且使当地农作物无法健康生长。

 **话题争鸣**

从生产和消费两方面分析,现在国家不提倡集中回收无汞电池的主要原因是什么? 对我们有何启发?

调查学校与社区附近的垃圾回收运作状况(网点分布、人员组成、设施配置、经济效益、物资去向、居民反馈、回收效果以及在回收装运过程中有没有"二次污染"等),提出合理化建议。

 **绿色人物**

### "绿色中国年度人物"田桂荣

田桂荣,河南省新乡县范岭村农民。近10年来,她作为村委会主任率先自费20多万元开展环保活动,回收废旧电池65吨,创办全国首家农民环保网站和农民环保组织,被誉为"中国民间环保大使"。

1999年,当她得知废旧电池对人类有强烈危害时,毅然决定自费回收废旧电池,制作3 000面三角旗、600只废旧电池回收箱、5万张倡议书,坚持不懈回收废旧电池60余吨。2001年申奥前夕,她组织上万名志愿者举行"万人签名绿色申奥"活动。她创立新乡市环保志愿者协会并担任会长,以改善生态环境为目标,发展志愿者7 000多名,开展大型环保宣传教育活动43次,行程1万多千米,撰写环保调查报告36件,发放宣传资料24万份,带动全省80万群众自觉加入环保行列。她多次受到党和国家领导人的接见和表彰。2005年12月,她以高票当选为我国首个由政府设立并得到了联合国环境规划署特别支持的环保人物大奖——首届"绿色中国年度人物"。

 **STS** **废旧电池对水体的污染及水生植物的净化效果实验**

**1.实验目标**

(1)通过在饲养金鱼的鱼缸里加入不同种类、型号和数量的废旧电池,观察金鱼的生长变化,从而了解废旧电池污染的程度;

(2)用一定的仪器设备,测定被废旧电池污染水体中的主要污染物;

(3)利用某些水生植物能够吸收一定的重金属物质的原理,通过向被废旧电池污染的水体中放置不同量的满江红、水葫芦等,了解它们对被废旧电池污染水体的净化效果。

**2.实验材料**

① 30厘米×20厘米×30厘米的鱼缸若干;② 足够数量、品种一致、体重相近的健康金鱼若干;③ 回收到的各种型号的废旧电池(如上海产白象牌)若干;④ 到农村河流采集的水生植物满江红、水葫芦若干;⑤ 天平、量筒、鱼饵;⑥ 农夫山泉水足量;⑦ pH计;⑧ DO测定仪;⑨ 分光光度计;⑩ 测汞仪等。

**3.实验步骤**

(1)废旧电池对金鱼的毒害试验

在5只鱼缸上分别贴上A、B、C、D、E标签,各放9 000毫升农夫山泉水,分别放入4条身体健康的样品鱼。生长一段时间(5天)后,在A、B、C、D 4只鱼缸分别放入两节不同型号的白象牌废旧电池(用工具将每节电池表面压碎部分),E缸作为对照。定时喂鱼,观察并在下表中记录金鱼生长情况的变化。

金鱼在不同废旧电池污染水体中的生长情况表

| 鱼 缸 号 | A | B | C | D | E |
|---|---|---|---|---|---|
| 废旧电池型号(白象牌) | 1号 | 2号 | 5号 | 7号 | 无(对照) |
| 金鱼成活天数(天) | | | | | |
| 金鱼的状态变化 | | | | | |

(2）水生植物（满江红、水葫芦）的净化作用

在洁净的12只鱼缸上分别贴上A、B、C、D、E、F、G、H、I、J、K、L标签，各放入9 000毫升农夫山泉水，再各投放实验用金鱼4条。各缸分别放入不同数量的满江红（或水葫芦），A、B、C、D、E、G、H、I、J、K缸分别放入两节1号白象牌废旧电池（用工具将每节电池表面压碎部分）。定时喂鱼，观察并在下表中记录有关情况。

不同量的满江红（或水葫芦）对金鱼在被废旧电池污染水体中生长情况比较表

| 缸　　号 | A | B | C | D | E | F |
|---|---|---|---|---|---|---|
| 废旧电池型号 | 1号 | 1号 | 1号 | 1号 | 1号 | 无 |
| 金鱼数量 | 4条 | 4条 | 4条 | 4条 | 4条 | 4条 |
| 满江红数量（克） | 0 | 50 | 100 | 150 | 200 | 50 |
| 金鱼成活天数 | | | | | | |
| 金鱼的形态特征 | | | | | | |
| 缸　　号 | G | H | I | J | K | L |
| 废旧电池型号 | 1号 | 1号 | 1号 | 1号 | 1号 | 无 |
| 金鱼数量 | 4条 | 4条 | 4条 | 4条 | 4条 | 4条 |
| 水葫芦数量（克） | 0 | 50 | 100 | 150 | 200 | 50 |
| 金鱼成活天数 | | | | | | |
| 金鱼的形态特征 | | | | | | |

(3）废旧电池对水质的影响

满江红（或水葫芦）投放20天后，用仪器测定水中的pH、DO、重金属（汞、铜、铅、锰）的含量，并在下表中汇总。

满江红（或水葫芦）投入20天后所测指标数据统计表

| | 仪　　器 | 测法 | A | G | B | H | C | I | D | J | E | K | F | L |
|---|---|---|---|---|---|---|---|---|---|---|---|---|---|---|
| pH值 | pH计 | 仪器法 | | | | | | | | | | | | |
| DO（毫克/升） | DO测定仪 | 仪器法 | | | | | | | | | | | | |
| 锰（毫克/升） | AA3200原子吸收分光光度计 | 火焰法 | | | | | | | | | | | | |
| 铅（毫克/升） | AA3200原子吸收分光光度计 | 石墨炉法 | | | | | | | | | | | | |

续表

| | 仪 器 | 测 法 | A | G | B | H | C | I | D | J | E | K | F | L |
|---|---|---|---|---|---|---|---|---|---|---|---|---|---|---|
| 汞<br>（毫克/升） | F732G测汞仪 | 仪器法 | | | | | | | | | | | | |
| 铜<br>（毫克/升） | AA3200原子吸<br>收分光光度计 | 石墨炉法 | | | | | | | | | | | | |
| 水质 | | 目测法 | | | | | | | | | | | | |

4. 撰写实验报告（略）

5. 拓展

本实验的研究范围可以扩展到对市场上不同品牌的电池（含普通电池、碱性电池、绿色电池等）对水体的污染；可以采用其他水生植物，从而研究对废旧电池污染水体净化的最佳植物，尝试建立以水生植物为主的废旧电池净化池的实践，为废旧电池的无害化处理寻找新突破口。

## ◆ 治理"白色污染"的困惑

"白色污染"是指大量使用塑料制品，特别是一次性发泡塑料餐盒、塑料袋和农用塑料薄膜所产生的污染。这种污染不仅是因为垃圾成堆造成了视觉污染，而且还有危害人体健康、影响土壤生态的潜在污染。为应对"白色污染"，"环保型"餐盒应运而生。

链接

### "环保型"餐盒

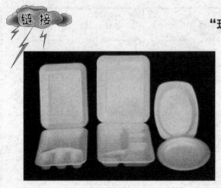

各种各样的一次性餐具。

所谓"环保型"餐盒，一般有纸浆模塑餐盒、植物纤维餐盒、纸板复合餐盒等，其生产的成本较高，而且保温性能、防油性能以及卫生性能也不尽理想。由于质量存在不少问题，这些环保型餐盒的生产厂商也难以在市场中竞争。使用环保型餐盒的餐馆也因为成本的提高而影响经营效益，杭州一家大饭店每年为使用环保型餐具就多支付50多万元。

作为“白色污染”载体的发泡塑料本身无毒无害，通过回收完全可以再生产硬塑料低档产品，如某些建筑材料、包装制品和日常生活用品等。因此，“白色污染”的罪魁祸首并不是发泡塑料餐盒本身，治理“白色污染”的途径是加强回收与再利用。

链接

**上海的“3分钱工程”**

上海市在2000年起采取了“源头控制、回收利用、逐步禁止、鼓励替代”方针，对发泡塑料餐盒实施了“三分钱”工程（即生产厂商每生产一个餐盒要交纳3分钱，其中1分钱用于回收，1分钱用于装运，1分钱用于管理与处置的费用）。在实施以后的4年时间里，累计回收饭盒近12亿只，折合7 373吨，再造塑料粒子3 687吨，用于生产硬塑料产品，为国家经济建设节约了大量的石油。目前，上海市每日使用发泡塑料餐具达到120万个，日回收80万个以上，回收率在70%以上，年回收量达到3亿个。

现在，上海还有6家生产发泡塑料餐盒的生产企业，平均日产160万个，它们承担了回收、装运和处置的有关费用，各餐饮单位也配合加强分类收集，还形成一支专门从事回收餐盒的劳务队伍，最终在专门的工厂中实现资源的再利用。

**声音**

没有一个清洁的环境，再优裕的生活条件也无意义。

——新中国第一代环保人曲格平

## 4. 化废为宝潜力大

从可持续发展的观点看，若对垃圾处置得当，不但可以减少数量，还可以从垃圾中开发出有用物质。所以垃圾又被称为“摆错地方的资源”。

### ◆ 分类收集，焚“废”为电

上海市政府十分重视城市垃圾的处置，先后投资近16亿元建造了国内最大的江桥和御桥两座特大型垃圾焚烧发电厂。浦东御桥生活垃圾发电厂是我国第一家生活垃圾焚烧发电厂，在这里大量经过分类后的垃圾通过焚烧发电，实现了焚“废”为电。2013年，金山区永久生活垃圾处理厂试运行，老港再生能源中心、老港固体废弃物综合利用基地部分完工。

## 御桥生活垃圾发电厂

厂区生活垃圾处理流程动态演示模型。

位于浦东的御桥生活垃圾发电厂日处理垃圾达1 000吨，每年可以发电1.1亿度，焚烧发电产生的电能可供10万户家庭使用。从2002年运行至2005年底，共发电3.9亿千瓦时，收益约1.34亿元。这座拥有先进设备的垃圾焚烧厂不仅可以发电，而且焚烧后产生的炉渣又成为铺设人行道的地砖。垃圾在焚烧过程中全部密封，烟气通过净化系统处理后，其有害物的含量远低于国家标准所规定的限值，其中二恶英排放量只有我国允许排放值的十分之一。该厂每天产生240多吨垃圾滤沥液，其中各种污染物的浓度都很高，但是经过先进的水处理技术，这部分水的水质已经可以用于绿化灌溉、消尘，甚至成为游泳池用水。工厂的整体设计达到了"远看像花园，近看像宾馆"的视觉效果，是一所造福于民的绿色环保工厂。

在现代经济发展模式下，各种垃圾的数量急剧增加，成分日益复杂，危害越来越大，如何妥善处理好垃圾问题，已引起各地各级政府的重视。

我国人多地少，若都实行垃圾填埋，势必占用大量土地，故对垃圾实行分类收集、循环利用、焚"废"为电、"即时消化"，使垃圾成为再生资源而避免填埋，这在我国有重大的经济意义和社会意义。

内蒙古鄂尔多斯垃圾处理厂鸟瞰图。

## 链接

### 固体废弃物能利用

固体废弃物能利用,主要包括通过对城市垃圾进行热解、气化、焚烧,造纸废渣及废水污泥的热解焚烧,固体废弃物衍生燃料的制备与利用而获取能量;以及通过对废塑料、废轮胎的液化,废弃物制造活性炭等过程生产再生资源。

固体废弃物能利用的过程,也就是对固体废弃物进行减容、减量、无害化处理的过程,能最大限度地减少固体废物的填埋数量,减轻对环境的危害。

固体废弃物能利用实验室。

在上海浦东新区还有一所垃圾生化处理厂,其日处理量也达到了1 000吨。经过生化处理的垃圾化"废"为宝,成为在市场上出售的肥料——"营养土"。浦东新区的两座垃圾处理厂"接纳"了几乎所有浦东新区的生活垃圾,使得浦东新区100%的生活垃圾得到了无害化处理,60%的生活垃圾成为再生资源。

上海江桥生活垃圾焚烧厂是目前中国建成的日处理能力最大的现代化生活垃圾焚烧厂,日处理垃圾1 500吨。该厂占地200多亩,总建筑面积约35 000平方米,全厂绿地率为42%。主要处理上海市黄浦区、静安区的全部生活垃圾,以及普陀区、闸北区、长宁区、嘉定区的部分生活垃圾。它缓解了上海市垃圾问题,也延长了上海老港填埋场的使用期,节省了宝贵的土地资源。

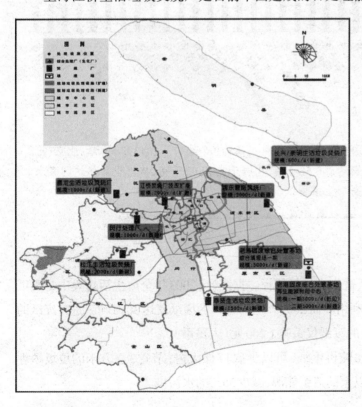

上海市生活垃圾无害化处理设施"十二五"规划布局示意图。

### ◆ 循环利用,用纸无忧

上海的纸张消费在不断地增长,2003年全市消费纸张200万吨,2010—2015年达到260~300万吨。其中再生纸的需求占60%,这就给循环利用纸张开辟了广阔的空间。但实际情况并不乐观,我国纸张的回收率仅为发达国家的一半左右,远不能满足经济发展的需要,每年需要进口数十万吨废纸。所以,废纸回收可以作为上海生活垃圾分类处理的突破口。

废纸盒巧做可爱办公小摆设。

## 纸张消费

### 2013年各省市人均生活用纸消费量

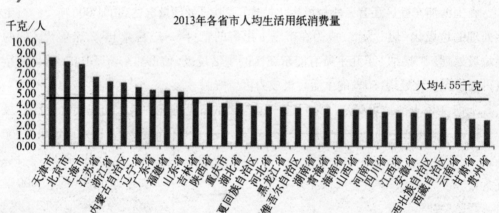

千克/人

人均4.55千克

天津、北京、上海是全国生活用纸消费量很高的3个城市。2013年,天津、北京、上海人均生活用纸消费量分别达到8.58千克、8.14千克、7.92千克,接近世界发达国家水平,而且面巾纸、手帕纸等高端生活用纸消费量较大。

### 数据库

上海每年有大量的废纸被作为垃圾扔掉。据统计,2003年全市生活垃圾中的废纸约有50万吨,其中有一半可利用。而2002年上海进口的废纸就达30万吨。进口废纸的价格是每吨1 200美元,本地的废纸仅每吨1 200元(人民币)。

回收1吨废纸能生产0.8吨再生纸,可以少砍17棵大树,节省3立方米的垃圾填埋场的空间,还可以节省一半以上的造纸能源,减少35%的水污染。

一些发达国家都非常重视废纸的回收,美国的废纸回收率是50%,欧盟为55%,日本为65.3%,英国为72%,而中国只有27%。

## STS                       利乐包装的回收利用

利乐包装最主要的原材料是纸,比如利乐砖含有75%的纸纤维。由于是食品包装,利乐采用的都是原生长纤维纸浆。一般造纸厂大量采用的纸浆多是短纤维,加入利乐包装的回收纸浆可以提高纸品质量,所以深受造纸厂欢迎。

利乐包装中的铝箔和塑料也是非常好的资源,可以直接用于造粒、生产再生塑木等产品,也可以采用等离子等技术集中将铝塑分离,提取纯铝和石蜡。

废弃包装在回收过程中,最难解决的就是污染卫生问题。在饮用牛奶、饮料时,记得一定要喝完或倒空,否则残留的液体会变质;而把各种废弃包装和家里的厨余垃圾混在一起也会影响回收质量。建议大家把饮用完的包装用水稍微冲洗一下,然后掀起四个角压平,最好能放到可回收垃圾箱里,或者至少把它们单独丢弃,以方便环卫人员把它们拣出来。

### ◆ 分类回收,开发"矿藏"

城市垃圾中含有大量的可利用物资,被誉为"城市矿藏"。在目前的技术条件下,既要得到垃圾中的资源,又要消除垃圾对环境的危害,对垃圾回收再利用和垃圾焚烧处置是最彻底、最节能和最环保的处理方式,但其前提就是要实现分类收集垃圾。故要开发"城市矿藏",首先要提高公众的垃圾分类意识。

2013年,上海市工业固体废物产生量为2 050.95万吨。2013年综合利用量为1 929.48万吨,综合利用率为94.08%,处置量为120.33万吨,处置率为5.87%,贮存量为5.18万吨。当年工业固体废物实现零排放。自2011年起,"百万家庭低碳行、垃圾分类要先行"连续3年被列为上海市政府实事项目。

### 链接          上海市生活垃圾分类典型案例

1. 上海典型小区垃圾分类情况

(1)乳山五村生活垃圾分类情况

乳山五村位于上海市浦东新区商城路918弄,共有604户居民。

  乳山五村每个垃圾箱房设置干、湿垃圾投放箱,每天有固定垃圾分类志愿者分别在7:00—9:00和18:00—20:00两个时间段对小区居民垃圾分类投放进行指导和介绍。从2011年4月实施垃圾分类工作以来,小区居民对于垃圾分类的知晓率近100%,并且自觉自愿分类,分类效果较明显。

  (2)黄浦新苑生活垃圾分类情况

  黄浦新苑地处上海市黄浦区丽园路333弄,2001年底建成入住,现有1 641户居民,是一个比较成熟的中高档商品房小区。

  2011年5月13日,黄浦新苑启动"百万家庭低碳行,垃圾分类要先行"垃圾分类启动仪式,小区为每家每户制作两只干湿桶,小区使用干湿大桶对垃圾进行分类。聘有专职志愿者两名,并组建每幢楼组有卫生干部代表的志愿者队伍,召开专题会议进行垃圾分类专题培训,利用黑板、横幅、橱窗、电子屏幕进行宣传,并向每户家庭发放告居民书,指导小区居民认识垃圾分类的意义、目的、要求。垃圾分类实施一年来,分类收集减量工作取得较好的效果。垃圾分类收集和源头减量工作日益成为小区居民平常的生活习惯。

  (3)仁恒滨江生活垃圾分类情况

  仁恒滨江地处上海市浦东新区黄浦江畔浦明路99弄,2004年7月建成入住,现有1 944户居民,是浦东陆家嘴比较高端的住宅小区。

  2011年3月26日,仁恒滨江小区启动生活垃圾分类减量试点工作,浦东新区区政府为每户人家派发一个专门投掷厨余垃圾的垃圾桶,并免费提供可降解环保垃圾袋,同时向居民宣讲垃圾干湿分类方法。仁恒滨江设置了一个面积约20平方米的独立式垃圾箱房,并配置一台日处理量100千克的生化机,小区内居民产生的厨余垃圾全部经生化机处理,生化后作为小区绿化肥料。

  2.上海市生活垃圾分类收集问题和专家建议

  (1)问题

  市民对分类收集知晓率不高,主动参与垃圾分类实践率不强,社区内垃圾分类主要依靠志愿者与物业管理人员,造成工作量大、分类不完全;缺乏生活垃圾投放立法基础,生活垃圾分类长效推动机制尚不健全,生活垃圾分类责任不明确;生活垃圾末端处置设施建设滞后、处置能力不足,垃圾分类试点进度受阻;垃圾分类出来的湿垃圾脱水后资源化利用程度不高;分类再生产品缺乏统一质量标准,难以取得许可证,缺乏市场竞争力。

  (2)建议

  健全各级垃圾分类投放、收集、运输、处置全过程监管体系;健全生活垃圾减量及分类定期通报制度和考评激励机制;加大资金投入和宣传力度,发动群众参与和监督;加快收集、运输、处置系统设施建设,衔接垃圾分类试点;改进餐厨垃圾处理技术,提高产品资源化利用率;制定分类再生产品扶持政策,解决再生资源产品出路。

其次，开发城市"矿藏"不能无序进行。对废旧家电的非正规拆解处置，除了会造成环境污染外，还会造成旧零件流入其他二手家电中。由于没有统一安全指标，这些零部件的质量得不到保证，甚至会产生诸如旧显像管爆炸、电线老化导致漏电等安全隐患，严重威胁到消费者的权益。

### 国外处置电子垃圾的法规

美国加州的立法机构最近通过了一项提案，要求顾客在购买新的电脑或电视机时，交纳每件10美元的"电子垃圾回收费"，旨在为环保提供额外资金。

欧盟则起草制定了相关法律保证制造商对电脑的整个生命周期负责，并要求他们将回收电脑及配件的费用加到产品成本中。同时制造商必须同意不添加任何有毒原料。

日本在2000年颁布的《家用电器再生利用法》规定制造商和进口商负责自己生产和进口产品的回收和处理，就是"谁的孩子谁抱走"。

瑞典的法律规定处理费用由制造商和政府承担。而法国更强调全社会共同尽责，规定每人每年要回收4千克电子垃圾。

我国也正加紧有关回收利用电子垃圾的立法，并将明确制造商对废旧产品回收再处理的义务。

### 直接置换现金——英国政府鼓励回收"电子垃圾"

英国政府推出一项电子垃圾回收计划，超过50家公司与政府签订合作，以通过返还现金的方式鼓励消费者将家中闲置的电子产品进行回收。

这50多家公司包括戴尔、百安居、三星、天空以及零售商Argos和Homebase，这些企业将翻新或转售旧产品。据统计，目前在英国居民家中囤积着价值至少10亿英镑的"电子废物"，如果该计划顺利实施，估计至2020年，仅电视一项就为英国的GDP增长做出每年超过7.5亿英镑的贡献。

相关机构调查显示，2/3的消费者愿意通过此种方式回收其不再使用的闲置电子产品，且有55%的人表示，愿意从有信誉的品牌或零售商那里购买质量不错的二手产品。

**认一认**

你认识下列10幅图标吗?

不可堆肥垃圾
Nocompostable

纸 类
Paper

其他垃圾
Other waste

可堆肥垃圾
Compostable

可燃垃圾
Combustible

粗大垃圾
Bulky waste

电 池
Battery

可回收物
Recyclable

瓶 罐
Bottle & Can

有害垃圾
Harmful waste

 链接

### 部分家用电器的使用寿命

| 品 种 | 使用寿命(年) | 品 种 | 使用寿命(年) | 品 种 | 使用寿命(年) |
|---|---|---|---|---|---|
| 彩色电视机 | 8~10 | 电熨斗 | 9 | 电热毯 | 8 |
| 黑白电视机 | 10~12 | 电暖炉 | 18 | 电饭煲 | 10 |
| 电冰箱 | 13~16 | 录像机 | 7 | 个人电脑 | 6 |
| 风扇 | 16 | 电热水器 | 12 | 洗衣机 | 12 |
| 电吹风 | 4 | 微波炉 | 11 | 电动剃须刀 | 4 |

链接

### 电子垃圾产业化的中国国情

　　每个家庭拥有丰富的家用电器,曾经是人们对现代化生活的最初憧憬。中国是全球性电器电子产品的生产和消费大国,且许多产品已进入淘汰报废高峰期。随着电器电子消费的日益时尚化,废弃物终成问题。

### 1. 电子垃圾处理现状

联合国环境规划署(UNEP)2009年7月完成的报告《回收:化电子垃圾为资源》曾预测,全球电子垃圾每年增加4 000万吨。

电子产业消耗了大量的基本、稀贵、稀散和稀有金属,按照目前西方主要消费国的废弃电器电子产品收集率普遍超过70%估算,全球每年废弃电器电子产品中蕴含的可供回收的各类金属保守估计价值超过900亿美元。

中国电子垃圾大部分没有进入正规的处理企业拆解处理,而是由个体手工作坊采用露天焚烧、强酸浸泡等原始落后方式提取贵金属,随意排放废气、废液、废渣,这会对大气、土壤和水体造成严重污染。

### 2. 纽约、东京的回收端设计

纽约制定了全美最严格的回收政策,以应对日益严峻的电子垃圾灾害。其回收的主要办法是消费者将电子垃圾送到指定地点,厂家负责回收同类产品,政府机构进行公益宣传以及举办各种社区回收活动拾遗补缺、堵塞漏洞。

如消费者购买了一台新的苹果笔记本电脑,不能将旧电脑丢弃到公寓外的公共垃圾箱,而是需要到市政府网站上查询可以回收旧电脑的指定地点。纽约严格规定计算机及相关设备、电视机、电池等各种小型电子服务器、小型电子设备等都不能乱扔,生产厂家必须为消费者提供免费而且便利的电子设备收回和再利用方式。厂家每卖出一个新产品,就有责任接受一个同类产品的电子垃圾,即使是其他品牌的产品。消费者在回收电子设备制造商、品牌及电子设备列表中找到苹果公司之后,点击链接即进入该公司网站的公共教育网页,再进入"纽约消费者电子垃圾回收"栏目,可以将旧电脑送到指定地点,也可以将电脑寄给苹果公司,由厂家支付邮寄费。

东京每年要回收近千万部手机,回收的手机被送到工厂低温焚烧后,其所含的资源能够被提取再利用。于是在东京手机商店,人们可以看到这样的场景:工作人员接过顾客递过来的旧手机,手脚麻利地操起专用工具对手机进行消除个人信息等的处理,为回收作准备。东京从2011年开始在超市等公共场所普遍设置回收箱以收集废旧小型数字电器。

**链接** **上海的实践及森蓝案例**

上海市政府将"电子废弃物回收网点建设"列入2014年市政府实事项目。用于电子垃圾绿色回收的阿拉环保卡和回收人员管理卡在全市推广,这种把绿色回收变绿色积分并转换成消费积分的城市电子垃圾绿色回收模式在全国是首创。具体模式如下:对电话机、手机、微波炉、热水器等50多种小型电子废弃物,社区居民可以先就近去线下布点的实体回收箱交投,回收人员定期清理回收箱,对于不同的回收品类,根据社区居民在电子垃圾上标注的卡号,兑换成不同的积分,打进个人的"阿拉环保卡"。这些环保积分就能兑钱或兑换消费积分。电视机、洗衣机、冰箱、电脑、空调等大件废旧家电,可预约免费上门回收,回收后同样有积分可兑换。

循环经济使人类步入可持续发展的轨道,使传统的高消耗、高污染、高投入、低效率的粗放型经济增长模式转变为低消耗、低排放、高效率的集约型经济增长模式。

森蓝环保(上海)关注工业废弃物回收利用领域,专业从事电子电器回收、拆解、分离。同时,森蓝开始长三角区域的战略布局:以上海为试点,首创国内未见的5H回收网络体系,即回收服务中心、回收服务点、回收服务台、回收中转储存库、回收服务移动站,建立信息平台作为回收网络中枢,以覆盖上海市的800多个网点为网络终端,配置30余辆标有公司标识的专用回收车辆,形成供需与物流集成为一体的市场回收信息化管理模式,使上海市电子废弃物回收产业与商贸、物流、电子商务等实现了有机融合,推动了传统回收业向现代服务业的转型升级。公司还通过"借网建网"、"借力建网"、"借地建网"等措施扩大回收网点服务的区域,提供24小时交售信息登记服务,将"阿拉订电子货架"置入500家"全家"等便利店,开设电子废弃物回收预约服务。市民可以拨打公司免费热线电话,还可以通过便利店里的"阿拉订终端机"自助预约回收旧家电。

森蓝从2008年创业之初仅回收1 000余台,而2013年全年回收、再制造、资源化利用电子废弃物120多万台,接待和直接服务市民80万人次,基本实现了"废品－原料"的循环发展。2011年3月森蓝获批国家高新技术企业;2012年4月获批上海市科技小巨人企业;2012年10月成为上海第二工业大学环境工程学院研究生校企联合培养教育基地……

森蓝的创始人罗新云说:"我国已进入电子电器产品的报废高峰,更重要的是我国每年的电子电器产品出口量达400万吨,但是回流的数量很少,造成我国资源大量流失,特别是稀贵金属材料。因此拯救资源走国际化大循环回收利用是极有效的途径。如果能将每年出口的400万吨电器产品的废料收回,可减少石油200万吨、减少矿山开采3 100万吨、节约标准煤500万吨、节水30亿吨、二氧化硫排放减少2 000万吨、废渣减少800万吨。"

### ◆ 源头减量,有偿回收

要控制生活垃圾数量的过快增长,必须把目前单一的垃圾末端处理机制,向控制产生垃圾的源头转化,即加强垃圾的减量化进程,比如:逐步提倡净菜进市、抵制商品过度包装、限制使用一次性商品等,同时也要建立一些市场机制,如建立各类废旧物品的回收行业,逐步实行垃圾回收的收费机制。

根据《上海市固体废弃物处置与发展规划》,到2010年,上海已实现人均生活垃圾"零增长"和原生垃圾"零填埋",而且生活垃圾的资源化处理达到70%以上。

家用食物残渣处理器可以即时把废物切碎压缩,便利垃圾的储运与处理。

## 2013年上海人均生活垃圾处理量目标：0.7千克/日

上海的生活垃圾分类减量取得阶段性成效：到2012年底，全市共有2 300余个小区、247个机关、396个学校、67个公园、914家企事业单位、349家菜场实行了垃圾分类，垃圾分类覆盖到120万户居民；全市人均生活垃圾末端处理量控制在0.74千克/日以下。目前上海已基本建成果蔬菜皮垃圾、单位餐厨垃圾、装修垃圾、大件垃圾、枯枝落叶垃圾等专项收集、运输、处置体系，在城市化地区基本实现"大分流"的全覆盖。

## 声音

就算扔垃圾，也能小窥品行之高下。

垃圾也想有个家，一个不需要多大的地方。

果皮箱的功能：① 装垃圾的容器；② 测试每个人的公德心、环保意识的工具。

一纸一屑煞风景，一举一动显文明。

飘洒的落叶值得欣赏，乱扔的垃圾令人生厌。

——江西婺源卧龙谷垃圾箱上的标语

## 国内首座垃圾管理体验馆开放

天津生态城城市生活垃圾管理体验馆是国内第一座集垃圾转运、技术交流、科普教育、宣传展示于一体的综合性体验馆，全面展示了城市生活垃圾从产生－收集－运输－处理－利用的全过程，以及天津生态城在城市生活垃圾管理运营中的新模式、新技术。

体验馆坐落于生态城南部，占地面积1 208平方米。体验馆三层为城市生活垃圾管理体验厅，共分为体验区、感受区、展望区3个区域。其中，体验区以多媒体影片的方式，讲解生活垃圾混合收集与随意丢弃对环境造成的危害，阐述城市生活垃圾分类的重要性、必要性及紧迫性；感受区通过小区实景再现等方式，使参观者身临其境，体验生态城内垃圾分类运输及资源化的全过程；展望区通过短片、展板、模型、互动游戏等方式，使参观者全面了解生态城在垃圾分类及资源化方面所应用的创新技术与模式。

体验馆二层为中控室及分离器大厅，中控室通过工业控制系统及视频监控系统，向参观者展示气力输送系统运行的全过程，从而展现系统的自动化、智能化、信息化水平；分离器大厅以真实设备为展示内容，让参观者亲身体验并感受到生活垃圾分类的新理念、新技术、新工艺及其给居民生活及城市环境带来的变化。

体验馆一层为风机室及集装箱压实机大厅，通过展现站内噪声控制、臭味控制水平，让参观者亲身感受气力输送系统的环保优势及发展前景。

## 利用蚯蚓处理生活垃圾

### 1. 实验目的

了解利用蚯蚓处理生活垃圾的过程；学习做科学实验的方法和形成良好的科研习惯。

### 2. 实验原理

蚯蚓是一种消化系统非常发达的低等动物。由于蚯蚓体内富含蛋白酶、脂肪酶、纤维酶、甲克酶、淀粉酶等物质，并且在蚯蚓的消化道中，还有大量的细菌、酶菌、放线菌等微生物与之共存，因而蚯蚓具有极强的转化有机质的能力。蚯蚓的食性广、食量大，每天的进食量相当于自身体重的50%~70%，而生活垃圾中的大多数成分均为有机物，故可以利用蚯蚓来处理生活垃圾。

### 3. 实验器材

天平、花盆、泥土、蚯蚓、各种生活垃圾等。

### 4. 实验步骤

（1）分别在若干花盆内装入适量的泥土，使泥土的含水率为50%~70%。

（2）分别在两个花盆内加入相同量的生活垃圾（各成分按照一定比例加入）。

（3）在一个花盆内加入20条大小基本一致的蚯蚓，另外一个花盆内不加蚯蚓。

（4）把两个花盆均放置在阴暗处，并使生活垃圾和泥土始终保持50%~70%的含水率。连续观察两个星期，记录实验结果。

**利用蚯蚓处理生活垃圾的实验观察记录表**

| 组　别 | 菜　皮 | 橘、苹果皮 | 茶叶渣 | 鸡蛋壳 | 硬薄纸 | 破棉布 | 塑料纸、玻璃、铁屑、橡胶等 |
|---|---|---|---|---|---|---|---|
| | 50克 | 50克 | 50克 | 25克 | 50克 | | 共25克 |
| 一周后　1号花盆 | | | | | | | |
| 　　　　2号花盆 | | | | | | | |
| 两周后　1号花盆 | | | | | | | |
| 　　　　2号花盆 | | | | | | | |

### 5. 拓展

（1）本实验可以多组同时进行，包括使用不同种类的蚯蚓和组成比例不同的垃圾，但各组中投放的蚯蚓种类必须一致,蚯蚓的质量必须大致相等。

（2）本实验最好在温度为20~30摄氏度、湿度为50%~70%的环境中进行。有条件的学校和同学也可以让同学自主设计研究处理的最佳温度和湿度。

（3）蚯蚓最易分解发酵腐烂的畜粪,试设计一个简单的生态畜牧场。

# 专题五  能源问题与节能减排

**声音**

18世纪的法国著名学者拉格朗日说:"不要以为自然资源是有限的! 借助于人类的技能,自然资源能够成为无限!"

正是这种 "资源无限" 的拉氏理论,使许多工业国家至今仍在咀嚼着留在牙缝里的苦涩。

——《边走边想》

20世纪下半叶以来,全球化石能源消耗速度猛增,石油、煤炭与天然气等能源价格持续上涨,能源问题日益突出。时至今日,能源问题已经不再是单纯的资源问题,还引发了严重的环境问题和社会问题。

由于化石能源的消费量越来越大,二氧化硫、一氧化碳、二氧化碳等气体的大量排放,导致了酸雨的强度和范围不断扩大,引起了全球气候持续变暖,近50年或100年以来的高温纪录被不断地刷新……

**STS**  **制作世界能源消费构成情况图表**

查阅世界近年来的能源消费构成情况,并制作成有关图表,分析可能的变化。

**绿色组织**

**罗马俱乐部与《增长的极限》**

1968年4月在意大利经济学家A·佩切伊和英国科学家A·金倡议下,在罗马成立了罗马俱乐部，它是国际性的未来学研究团体。宗旨是研究未来的科学技术革命对人类发展的影响，阐明人类面临的主要困难以引起政策制订者和舆论的注意。会员限300名，现有100多名国际上著名的学者和社会活动家为个人会员。每年召开一次大会，并经常召开国际性学术会议。出版了《增长的极限》（即《米都斯报告》）、《重建国际秩序》、《走出浪费的时代》、《人类的目的》、《学无止境》、《第三世界：世界的四分之三》、《关于财富和福利的对话》、《走向未来的道路图》等著作。其中以《增长的极限》最为著名。

1972年，麻省理工学院的丹尼斯·米都斯等4位年轻科学家撰写了《增长的极限》一书，第一次向人们展示了在一个有限的星球上无止境地追求增长所带来的后果。这本书震惊了世界，并畅销全球。今天看来，作者的许多超前预言都被不幸言中，也给人类对气候、水质、生物和其他濒危资源、能源的破坏敲响了警钟。增长的极限曾经是遥远的未来，但今天它们已经广泛存在。崩溃的概念曾经被认为是不可思议的，而今它早已进入公众的谈论话题。

🎺 **声音**

从某种意义上说，地球不是我们从父辈那里继承来的，而是从子孙后代那里借用的。

——《只有一个地球》

# 1. 我国面临的主要能源问题

随着全球范围内能源问题的日趋突出，中国面临的能源问题也越来越严峻。中国已成为世界第二能源生产与消费国、第一煤炭生产与消费国、第二石油消费国及石油进口国、第二电力生产国。我国能源的人均年消费量是1.72吨标准煤，虽仅为世界平均水平的74%，但因人口众多，能源消费总量居高不下。

当前中国能源发展存在需求增长、能源安全、能源消费结构、节能问题、能源分布、技术水平等六大问题。

◆ **能源需求的持续高速增长将使供应越来越难以为继**

数据表明，2011年和2012年我国能源消费分别增长了7.1%和3.9%，按GDP增速和能源消费弹性系数（能源消费增长速度与经济增长速度之比）测算，2010年我国年能源消耗总量比2000年翻一番。近年来我国能源利用效率仅为33%，比国际先进水平约低10个百分点；2003年单位国内生产总值能耗是世界水平的3.1倍。相对于需求的快速增长,国内能源供给不足,石油和天然气储量和世界平均水平都有很大差距。十一五"期间,我国以能源消费年均6.6%的增速支撑了国民经济年均11.2%的增速,能源消费弹性系数由"十五"时期的1.04下降到0.59,缓解了能源供需矛盾。

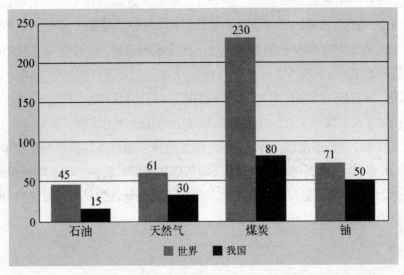

我国主要能源储采比与世界的比较。

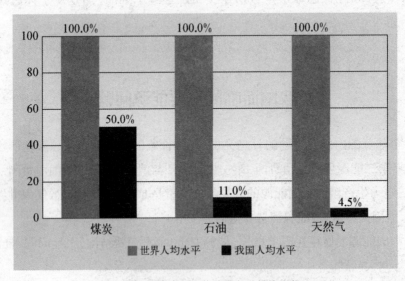

我国部分能源资源人均数量与世界的比较。

### ◆ 石油安全是能源安全的主要问题

我国石油资源缺口突出,石油和天然气供应主要集中在中东、中亚等地区,需求上有相当高的对外依存度,我国石油净进口量由2000年的0.76亿吨,迅速增长到2012年的2.92亿吨。2013年10月,中国正式超过美国的每日624万桶,取代美国成为全球最大石油净进口国。这种依存度还会不断增加,到2020年将达60%。石油运输的安全及全球范围内的石油价格波动等将使我国石油供应受制约的程度加大,从而直接威胁经济安全。从我国石油资源不足、供应链的可靠性以及国际油价大幅度波动来看,石油安全将成为我国能源安全的主要问题。

2014年中国石油进口石油来源地

| 国　家 | 进口比例（%） | 国　家 | 进口比例（%） |
|---|---|---|---|
| 沙特阿拉伯 | 19.8 | 委内瑞拉 | 4.5 |
| 安哥拉 | 12.3 | 哈萨克斯坦 | 4.4 |
| 伊朗 | 10.9 | 科威特 | 3.8 |
| 俄罗斯 | 7.8 | 阿联酋 | 2.7 |
| 阿曼 | 7.2 | 巴西 | 2.6 |
| 伊拉克 | 5.4 | 刚果（金） | 2.2 |
| 苏丹 | 5.1 | | |

数据来源:2014年美国霍普金斯学会报告。

我国石油进口的地区分布呈多渠道趋势。在20世纪,主要依赖中东地区;进入21世纪,开始从非洲、中亚和亚太地区进口,并从中、南美洲及澳大利亚等地区扩充油源,这有利于保证石油资源的安全性。

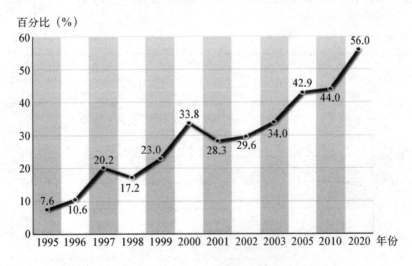

我国石油对外依赖度越来越高。

【OPEC】

OPEC 全名 Organization of Petroleum Exporting Countries, 中文名称为"石油输出国家组织", 目前共有11个会员国, 约占世界石油蕴藏量的77%及石油产量的40%。石油输出国家组织于 1960 年 9 月 14 日在伊拉克首都巴格达成立, 成立时有沙特阿拉伯、委内瑞拉、科威特、伊拉克及伊朗5国。其成立宗旨是维护产油国利益, 并维持原油价格及产量水准。此后, 不断有新的会员国陆续加入, 包

OPEC总部。

括卡塔尔(1961年)、利比亚(1962年)、印尼(1962年)、阿拉伯联合酋长国(1967年)、阿尔及利亚(1969年)、尼日利亚(1971年)、厄瓜多尔(1973年)及加蓬(1975年)等八国。目前厄瓜多尔及加蓬已退出。OPEC总部现设在奥地利首都维也纳。

### ◆ 以煤为主的能源消费结构将持续很长一段时间

就经济结构而论, 第二产业是带动经济高速增长的主因。以重工业为主的第二产业, 对能源的消耗非常大且在不断增长。在能源消费结构上, 我国同样呈现出与世界发达国家不同的特性, 不可再生能源在生产和消费总量中分别占89.7%和90.6%, 以煤为主的能源消费结构使得清洁、高效、节能利用的要求未能得到很好的落实, 不仅造成能源消费结构的不合理, 还带来环境污染等一系列的问题。2012年我国一次能源消费量36.2亿吨标煤, 消耗全世界20%的能源, 单位GDP能耗是世界平均水平的2.5倍, 美国的3.3倍, 日本的7倍, 同时高于巴西、墨西哥等发展中国家。

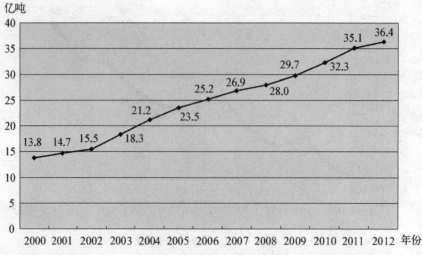

2000~2012年我国的煤炭产量。

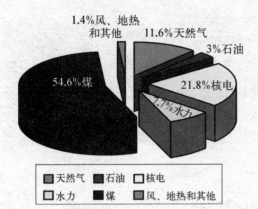

2003年美国电力的构成情况。

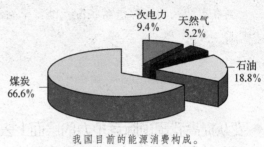

我国目前的能源消费构成。

### 链接 我国目前的能源消费构成

从目前的统计数据看,在能源的消费构成中,煤炭仍然占有主要地位,占66%以上,占工业燃料动力的69.8%。可以说,煤炭在中国能源家族中仍处于老大的地位。

### 链接 严控二氧化硫排放刻不容缓

我国大气污染主要是以烟尘和二氧化硫为主的煤烟型污染,其中二氧化硫排放量已居世界第一,超出大气环境容量80%以上。由此造成的酸雨区面积约占国土面积的40%。2004年全国约有1.16亿的城市人口生活在空气质量劣于三级的环境中。

我国排放的二氧化硫90%来自燃烧煤炭,其中1/2来自火电。2004年火电二氧化硫排放量约为1 300多万吨,2013年达2 044万吨。因此,控制火电燃煤污染物的排放,是控制大气污染的重中之重。

近年来,我国发电量年增十几个百分点,同2000年相比,2004年火力发电的煤炭消耗量几乎翻一番,而煤电行业的脱硫能力却严重滞后,煤电建设速度大大超过脱硫设施的建设速度。

我国华中、西南和华南地区已成为与北美、欧洲并列的世界三大酸雨区之一。酸雨最为严重的重庆、贵阳等地,降水中的pH值甚至在4.3左右。

研究表明,每排放1吨二氧化硫就会造成近2万元的经济损失,这不仅影响了我国电力工业的发展,更影响了我国可持续发展战略的实施。全国火电装机容量已达到5亿千瓦左右,新增二氧化硫排放量560万吨。以目前情况推测,全国电力工业的二氧化硫排放总量已超过2 000万吨,我国的大气环境将不堪重负。

## STS

调查本地区的能源供需状况及能源消费结构,并提出解决或缓解缺能状况的建议或措施。

◆ **要从提高我国国际竞争力的层面上去认识节能**

从现有的产业水平和经济发展需求看,我国节能具有一定的产业基础和降耗空间,但也存在一系列问题。节能降耗的意义不能单纯理解为降低能源消耗指标问题,而是要从科技进步、提高我国国际竞争力上去认识。以较少的能源消耗,创造更多的财富,体现我国的科技水平和国际竞争力,这使得在我国转变能源生产和消费模式、节约能耗成为一项长期而艰巨的任务。

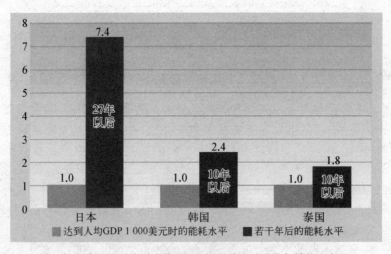

日本、韩国、泰国三国达到人均 GDP 1 000 美元后的能耗增长示意图。
世界一些国家的发展经验表明,人均 GDP 达到 1 000 美元后,人均能源消费量呈现出大幅上升的趋势。2003 年我国人均 GDP 已经超过了 1 000 美元。

◆ **能源长距离运输在我国还将存在并不断增长**

我国煤炭资源丰富,但分布很不均匀。60%以上集中在西部缺水地区,而中南部等主要煤炭消耗区的缺口将继续不断增大。北煤南运和西煤东输的压力将越来越大,在我国大规模、长距离的能源运输还将长期存在并不断增长。

◆ 生产技术水平和经营管理与主要能源消耗国家先进水平有差距

煤炭行业技术水平不平衡,多数小煤矿技术落后;煤矿自动化水平低;重大安全防范技术较为薄弱;液化气等核心技术仍需进口;大型超高临界技术、大型燃气、大型核电等技术还需引进;可再生能源、清洁能源等的开发还需加强。

长期以来,我国人均能源可采储量远低于世界水平,而单位产出能源消耗大大高于发达国家和世界平均水平。据计算,2003年我国单位GDP的能源消耗比世界平均水平高2.2倍,是美国的2.4倍,比欧盟高4.5倍,比日本高8倍,比印度还高0.3倍。目前我国一次能源消费相当于美国的3/5,但经济总量仅相当于美国不到15%的比例。

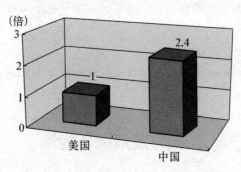

我国与美国2003年单位GDP消耗石油的比较。

## 数据库

◎ 2004年火电供电煤耗为379克标准煤/千瓦时,比国际先进水平高67克,2013年火电供电煤耗降至321克标准煤/千瓦时,处于世界先进水平;

◎ 大中型企业吨钢可比能耗为705千克标准煤,比国际先进水平高95千克;

◎ 电解铝交流电耗为15 080千瓦时/吨,比国际先进水平高980千瓦时;

◎ 单位建筑面积采暖能耗相当于气候相近发达国家的2倍至3倍;

◎ 载货汽车百吨千米油耗比国际先进水平高出1倍;

◎ 我国现有各类电动机总功率约4.2亿千瓦,运行效率比国际先进水平低10个百分点以上,相当于每年多消耗电能约1 500亿千瓦时。

可见,我国节能技术的研发推广与国际先进水平存在明显差距。节能潜力虽然巨大,但又任重道远。

链接

**阶 梯 电 价**

阶梯式电价的具体内容:第一阶梯为基数电量,此阶梯内电量较少,电价也较低;第二阶梯电量较高,电价也较高一些;第三阶梯电量更多,电价更高。随着户均消费电量的增长,每千瓦时电价逐级递增。

我国资源产品价格严重偏低,是造成加工业经营粗放、浪费严重的重要原因之一。因此,资源产品价格充分地反映资源的稀缺程度、供求关系和环境成本,是转变发展方式、实现经济健康可持续发展的必然途径。资源价格改革的方向是要逐步建立由市场供求决定的价格机制。

国外居民电价一般是工业电价的1.5~2倍,而我国长期对居民用电实行低价政策。目前较低的居民电价主要是通过提高工商业用电价格分摊成本实现。如果不逐步理顺电价,长期下去,既加重工商业企业的用电负担,影响我国的经济竞争力,又导致经济条件好、用电越多的家庭补贴越多,经济条件差、用电较少的家庭补贴越少。

实施阶梯式电价的做法在国际上早有先例。20世纪70年代石油危机以后,日本、韩国及美国的部分地区将居民用电实行分档定价,用电越少价格越低,用电越多价格越高。

# 2. 大力发展绿色能源

**名词解释**

【绿色能源】

绿色能源也称清洁能源,可分为狭义和广义两种概念。狭义的绿色能源是指可再生能源,如水能、生物能、太阳能、风能、地热能和海洋能。这些能源消耗之后可以恢复补充,很少产生污染。广义的绿色能源则包括在能源的生产及其消费过程中,选用对生态环境低污染或无污染的能源,如天然气、清洁煤(将煤通过化学反应转变成煤气或"煤"油,通过高新技术严密控制的燃烧转变成电力)和核能等,也被称为"绿化"了的能源。

西藏羊八井热气田和羊八井地热发电厂。
羊八井地热发电厂有8台3兆瓦级和1台兆瓦级地热发电机组,总装机2.5万千瓦,年发电量占拉萨电网的45%。

在过去的150年里，先后出现过三个能源发展波峰：19世纪中叶前，以生物燃料为主；19世纪末到20世纪初，煤是主要能源；20世纪石油占据主要地位。进入21世纪，世界能源结构正在发生第三次大的转变，即从以化石能源为主的能源消费结构转向化石能源、核能、可再生能源等多元化结构，最终将建为以太阳能和聚变核能为主的可持续发展绿色能源系统。开发利用既不存在资源枯竭问题、又不会对环境造成损害的绿色能源，是人类可持续发展的必然趋势。

**链接**

### 气候阿波罗计划

以伦敦政治经济学院的经济学家理查德·莱亚德和尼古拉斯·斯特恩为代表的一群思想家提出了"气候阿波罗"这一国际协调的研究计划，目标是在2020年之时，在全球阳光充足地区实现基于可再生能源的基本负荷发电成本低于煤炭发电成本，并从2025年起在全球实现这一目标。

据估计，从2016年到2025年，全球将每年投资150亿英磅，用于清洁能源和能源储存技术的研发和示范。

## ◆ 我国有丰富的新能源和可再生能源

☆ 太阳能资源

全国各地的年太阳辐射总量为930~2 333千瓦时/平方米，年平均日照时数在2 200小时以上的地区约占我国国土面积的2/3以上。占国土面积1/4的青藏高原、新疆、甘肃、宁夏、内蒙古等西部地区是太阳辐射资源丰富的地区，年太阳辐射总量在1 700千瓦时/平方米以上；东北大部、黄河中下游以南地区都是我国太阳能可利用地区，年太阳总辐射量在1 200~1 500千瓦时/平方米。我国西部地区每平方千米荒漠可安装100兆瓦光伏发电设备，若开发利用全国1%的荒漠，每年可获得2万亿千瓦时的电量，相当于三峡电站22年的发电量。

太阳能利用基本方式可以分为光热利用、太阳能发电、光化利用和光生物利用四大类。

（1）光热利用

其基本原理是将太阳辐射能收集起来，通过与物质的相互作用转换成热能加以利用。目前使用最多的太阳能收集装置，主要有平板型集热器、真空管集热器和聚焦集热器等3种。通常把太阳能光热利用分为低温利用、中温利用和高温利用。低温利用主要有太阳能热水器、太阳能干燥器、太阳能蒸馏器、太阳房、太阳能温室、太阳能空调制冷系统等；中温利用主要有太阳灶、太阳能热发电聚光集热装置等；高温利用主要有高温太阳炉等。

家用太阳能热水器。

太阳能路灯。

在我国的太阳能产业中,太阳能热水器的热利用转换技术最为成熟,其产业化进程也较太阳能光伏电池、太阳能发电等产业领先一步。

家用太阳能热水器主要由太阳能集热器、贮热水箱、管道及控制器等组成,通过集热器将太阳辐射能转化为热能来加热水。通常安装在住宅、小型工业建筑或公共建筑上。家用太阳能热水器是提高居民生活质量、节约常规能源、供应稳定的用热负荷的新一代节能产品。

**太阳能热水器与燃气、电热水器性能比较**
**(以某品牌18管太阳能热水器为例)**

| 项 目 | 容水量<br>(升) | 强制报废期限<br>(年) | 每人次洗澡成本<br>(元) | 优 缺 点 |
|---|---|---|---|---|
| 太阳能热水器 | 115 | 15 | 0.1 | 安全节能,阴雨天使用不便 |
| 燃气热水器 | 110 | 8 | 0.6 | 使用方便,不安全,需消耗燃气 |
| 电热水器 | 100 | 6 | 0.8 | 使用较方便,耗电量较大 |

2005年,我国太阳能热水器年产量已突破1 500万平方米,保有量超过6 200万平方米。我国太阳能热水器的年产量是欧洲的2倍、北美洲的4倍,已成为世界最大的太阳能热水器生产国,形成最大的太阳能热水器市场,并且每年仍在以20%～30%的速度递增。

(2)太阳能发电

未来太阳能的大规模利用是用来发电。利用太阳能发电的方式有多种,目前已进入实用阶段的主要有以下两种:

①光—热—电转换:即利用太阳辐射所产生的热能发电。一般是用太阳能集热器

将所吸收的热能转换为蒸汽,然后由蒸汽驱动气轮机带动发电机发电。前一过程为光—热转换,后一过程为热—电转换。

②光—电转换:其基本原理是利用光生伏打效应将太阳辐射能直接转换为电能,它的基本装置是太阳能电池。

**链接**

### 新能源——光伏发电

1839年,法国物理学家A·E·贝克勒尔在实验时意外地发现,用两片金属浸入溶液构成的伏打电池,当受到光照时会产生额外的伏打电动势。他称此现象为"光生伏打效应"(光伏效应)。1883年,美国发明家查勒斯·福瑞茨在半导体硒和金属接触处发现了固体伏打效应。此后,人们把能够产生光生伏打效应的器件称为"光伏器件"。1954年,美国贝尔实验室首次做出了光电转换效率为6%的实用的单晶硅太阳能电池,开创了太阳能电池研究的新纪元。如今太阳能电池的应用已扩展到通信、交通、石油、农村电气化及民用等各领域,每年的市场增长率高于20%。光伏发电无需任何燃料,具有无污染、无噪音、安全、长寿命、维护简单等特点,是21世纪重要的新能源。目前,日本的太阳能光伏发电居世界首位。

**名词解释**

【太阳能聚光光伏电池】

太阳能光伏发电是利用太阳光直射到晶体硅上,在晶体硅的特殊结构中产生一个强内部电场,使其分离出电子,从而在外电路中产生电压和电流,实现将光能转化成电能。

太阳能光伏发电的主要缺点是能量密度小、占地面积大、地域依赖性强。目前,太阳能光伏发电每千瓦投资约5~6万元,上网电价每度电3元左右,是普通火电电价的5~6倍。

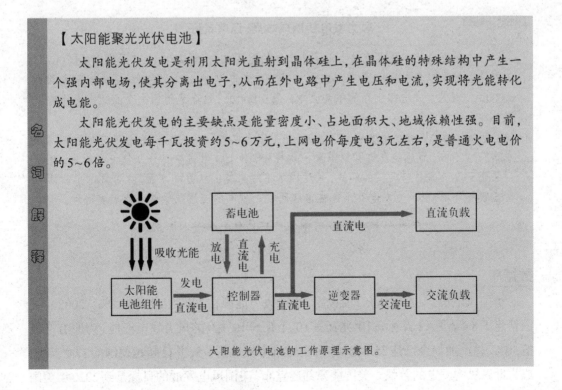

太阳能光伏电池的工作原理示意图。

 **思考**

调查学校、学校所在的社区、学校附近的道路和广场,有哪些设施是使用太阳能光伏电池驱动的?

（3）光化利用

这是一种利用太阳辐射能直接分解水制取氢的光—化学转换方式。

（4）光生物利用

通过植物的光合作用来实现将太阳能转换成为生物质的过程。目前主要有速生植物(如薪炭林)、油料作物和巨型海藻。

☆ 风能资源

我国10米高度层的风能资源总储量为32.26亿千瓦,实际可利用的风能资源储量达2.53亿千瓦。北疆、内蒙古、甘肃北部和沿海岛屿、滨湖地区是我国风能资源丰富地区,有效风能密度为200~300瓦/平方米以上。我国的风能利用程度还不高,但潜力很大。对我国南方地区而言,风能资源在季节上的分布正好与水力资源相反,在秋、冬和初春的6个月中,风力资源占全年风力资源总量的76%,风力发电同水力发电在时间上有极好的互补性。

**链接** **风力发电初期成本高,但前景好**

相对较高的成本可能成为阻碍风能发展的原因之一。据2007年11月发布的《2007中国风电发展报告》指出,当前风电平均每千瓦成本为9 000元,其中设备成本就占到6 000元,而火力发电每千瓦的平均成本只需5 000元,这会成为不少企业欲投资风电设备却又止步的原因。

专家认为"从长远角度看,风电其实并不比火电贵"。一方面,火电建造之后煤的成本只增不减,而风能发电却只需要一次投资,加上技术进步可能降低设备成本,此后又几乎没有原材料购买的问题,营运成本将越来越低。另一方面,火力发电排放的废气破坏环境,但风力发电就不存在这些问题。风电的应用前景绝不比火电逊色。

 **数据库**

美国风电协会(AWEA)日前披露,全球风力能源在2008年激增28.8%。2008年美国新建了8.4吉瓦(1吉瓦＝$10^3$兆瓦＝$10^6$千瓦＝$10^9$瓦)的风力发电产能,为原有产能的50%,总产能如今已达25.1吉瓦,占全球风力发电的1/5,并已超越德国的23.9吉瓦,成为世界风力发电的首强。美国能源部还宣布,美国风电发展的目标是到2020年美国的风力发电量从现在占全国发电总量的1%增加到5%甚至更高,并且保持现在的风能发电增长率。

☆ 地热资源

据估算,目前全国每年可开发利用的地热水总量约68.45亿立方米,折合每年3 284.8万吨标准煤的发热量。随着我国能源结构政策的调整和地源热泵技术的逐步提高,浅层地热能将成为我国今后开发利用的新型能源,在建筑物供暖或制冷中,浅层地热能所占的比重也将越来越高。目前,地热在我国能源结构中所占的比例还不足0.5%,从地热水利用方式看,供热采暖占18.0%、医疗洗浴与娱乐健身占65.2%、种植与养殖占9.1%、其他占7.7%。我国地热开发利用还处在初级阶段,要加强地热资源勘查评价、加快地热资源规划编制、加强创新技术和设备的研发等方面的工作力度。

☆ 核能

将原子核裂变释放的核能转变为电能的系统和设备,通常称为核电站。核电站是一种高能量、少耗料的电站。以一座发电量为100万千瓦的电站为例,如果烧煤,一年要消耗200多万吨。若改用核电站,每年只消耗1.5吨裂变铀或钚,一次换料可以满功率连续运行一年,可以大大减少电站燃料的运输和储存问题。此外,核燃料在反应堆内燃烧过程中,同时还能产生出新的核燃料。核电站基建投资高,但燃料费用较低,发电成本也较低,并可减少污染。据国际原子能机构的统计,核能发电提供了

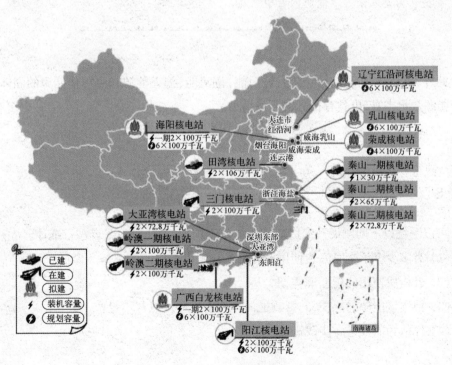

中国大陆已建和在建的核电站示意图。

全球16%的电量,其中83%的核电容量集中在工业化国家。2000年核电比例排在前十位的国家分别为:法国,76.4%;立陶宛,73.7%;比利时,56.8%;斯洛伐克,53.4%;乌克兰,47.3%;保加利亚,45%;匈牙利,42.2%;韩国,40.7%;瑞典,39%;瑞士,38.2%。

**链接**

### 中国参与ITER建设

美国、前苏联等在20世纪80年代倡导国际热核聚变实验反应堆(ITER)计划,是继国际空间站之后最大的国际科技合作项目,旨在通过可控的核聚变反应造出一个"人造太阳",一劳永逸地解决人类面临的能源危机。

据协议,建在法国的ITER目前有参与方中国、欧盟、日本、韩国、俄罗斯和美国。在这一为期35年、投资约100亿欧元的国际大型科技合作项目中,中国承担建造总费用的10%,平等参与该项目的实施。加入这个计划不仅能使我国共享这项技术的研究成果,同时也能使我国在核聚变领域的研究水平始终和世界同步发展。目前,中国已先后派遣多名技术人员到ITER联合研究中心从事相关设计研发工作。结合今后将承担的任务,中国国内相关单位已着手进行近20项技术课题研究。

ITER的目的就是为验证利用核聚变技术发电的可行性。核聚变的原理类似于太阳发光发热,即:在上亿摄氏度高温条件下,利用氢的同位素氘和氚的聚变反应释放核能。由于氘和氚可以从海水中提取,而且不产生温室气体及高放射性核废料,因此被认为是未来人类能源的希望所在。

此外,我国生物质能、潮汐能、波浪能、潮流能、温差能源和可用作能源的固体废弃物等能源数量丰富,也具有很大的开发潜力。

### STS　　　　家庭新能源使用调查

可以围绕以下问题展开家庭新能源的使用调查,设计有关图表进行统计。

(1)有多少个学生家庭在使用新能源?占全班人数的比例是多少?

(2)分析所使用的新能源类型。

(3)使用该能源的感受,与常规能源比较有哪些优点与不足?

(4)你认为需要进一步改进的地方。

#### ◆ 绿色能源利用前景广阔

我国是世界上最大的能源消费国之一,又是人口最多的国家,但是我国能源的储量仅为世界的1/10。要想完全依赖煤炭、石油等常规能源来满足我国社会经济的长远持久发展,既不现实也不可行。

煤电的发展不仅受煤炭资源的储量和分布制约,还受交通运输和水资源条件的制约;核电的发展同样要受到核原料和安全性的制约,核废料的处理成本也十分昂贵。因此,大力发展可再生能源已成为我国能源战略的当务之急,尤其是积极开发分布最广泛的绿色能源,将是我国获取新的能源供应源的必由之路。

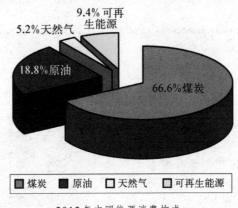

2012年中国能源消费构成。

从长远来看,大力发展绿色能源可以逐步改善以煤炭为主的能源结构,能更加合理、有效地利用化石能源资源,缓解与能源相关的环境污染问题,使我国能源、经济与环境的发展相互协调,实现可持续发展目标。

### 链接
### 2020年上海将有13座风力发电场

上海位于东亚季风区,地处我国东部沿海风能资源丰富的地带。全市的风速分布,从市中心区向北、东、南三面沿江、沿海地带逐渐增大。上海900平方千米左右的沿海滩涂都具备发展风能发电的极佳条件,可集中形成八大风能发电场。据测算,上海市风能发电装机容量最高可达900万千瓦。

经国家批准,根据有关规划,到2020年,上海有望在具有经济开发价值或良好开发价值的沿海岸线、滩涂或近海的海域上,建设13座风力发电场(其中5座是海上风电场,8座是陆上风电场),全市风力发电总装机量超过100万千瓦,市民将比现在享受到更多的绿色电力。目前,上海已利用世界银行贷款,在南汇和崇明各建一个示范性风能发电场,其中崇明装机容量1.4万千瓦,南汇0.6万千瓦。

**链接**

## 崇明北沿风电工程

崇明北沿风电工程位于上海崇明东北角,东起东旺沙水闸,西至北八滧港,沿"九二塘"和"九八塘"向偏西北方向顺序布置。上海崇明北沿风力发电项目的建设,符合我国和上海市的能源发展规划,也是发展循环经济模式、建设和谐社会的具体体现。项目对于调整上海能源结构、加快崇明生态岛的建设都有积极的推进作用。

工程装机容量48.0兆瓦,设计年可利用小时数为2 260小时,年上网电量为10 850万千瓦时,为上海电网源源不断提供绿色能源。与相同发电量的火电相比,每年可为电网节约标煤约37 978吨。相应每年可减少燃煤所造成的多种有害气体排放,其中二氧化硫607.7吨、一氧化碳8.79吨,减轻排放温室效应性气体二氧化碳81 379.6吨。节能减排效益显著。

**链接**

## 风光互补路灯

风光互补是一套发电应用系统,该系统利用太阳能电池方阵、风力发电机(将交流电转化为直流电)将发出的电能存储到蓄电池组中,当用户需要用电时,逆变器将蓄电池组中储存的直流电转变为交流电,通过输电线路送到用户负载处。风光互补实际上是风力发电机和太阳电池方阵两种发电设备共同发电。风光互补路灯是利用风能和太阳能进行供电的智能路灯,同时还兼具风力发电和太阳能发电两者的优势,为城市街道路灯提供稳定的电源。

崇明岛上的太阳能风能路灯。

风光互补道路照明是新兴的新能源利用领域,不仅能为城市照明减少对常规电的依赖,也为农村照明提供了新的解决方案。据《2013—2017年中国风光互补路灯行业发展前景与投资预测分析报告》数据显示,中国现有城乡路灯总数约为2亿盏,并以每年20%的速度增长,假如这2亿盏400瓦或250瓦高压钠灯全部改成150瓦或100瓦风光互补LED路灯,并且每盏路灯每天工作12小时,在1年内将节约1 500亿度电。而三峡水电站在2010年的发电总量为840亿度,因此把全国2亿盏路灯全部改为风光互补路灯后,所节省的电量相当于1.8个三峡水电站2010年的全年发电量。

"十二五"期间,节能环保行业将占据经济建设中的重要角色。我国30多年的经济高速发展,电力供应一直跟不上,同时,大量的火力发电厂也造成环境的污染。我国有丰富的风能及太阳能资源,路灯作为户外装置,两者结合做成风光互补路灯,无疑给国家的节能减排提供了很好的解决方案。对比传统路灯,风光互补路灯以自然中可再生的太阳能和风能为能源,不消耗任何非再生性能源,不向大气中排放污染性气体,致使污染排放量降低为零,对环境的保护不言而喻,同时也免除了后期大量电费支出的成本。

风光互补路灯的优点如下:

◎ 免除电缆铺线工程,无需大量供电设施建设。市电照明工程作业程序复杂,缆沟开挖、敷设暗管、管内穿线、回填等基础工程,需要大量人工;同时,变压器、配电柜、配电板等大批量电气设备,也要耗费大量财力。风光互补路灯则不会,每个路灯都是单独个体,无需铺缆,无需大批量电气设备,省人力又省财力。

◎ 个别损坏不影响全局,不受大面积停电影响。由于常规路灯是电缆连接,很可能会因为个体的问题,而影响整个供电系统;风光互补发电路灯则不会出现这种情况。分布式独立发电系统,个别损坏不会影响其他路灯的正常运行,即使遇到大面积停电,亦不会影响照明,不可控制的损失因此大幅降低。

◎ 节约大量电缆开销,更免受电缆被盗的损失。电网普及不到的偏远地区安装路灯,架线安装成本高,并有严重的偷盗现象。一旦偷盗,影响整个电力输出,损失巨大。使用风光互补路灯则不会有此顾虑,每个路灯独立,免去电缆连接,即使发生偷盗现象也不会影响其他路灯的正常运作,将损失降到最低。

◎ 智能控制,免除人工操作,施工简单,维护方便。风光互补路灯由智能控制器控制,可分时控、光控两种自动控制方式,兼具安全性和经济性;自身独立一体的供电系统,不受大面积电路施工干扰,工序简单,工期短,维护更加方便。

◎ 城市亮化。作为新兴的能源系统,在节约成本和提高系统稳定的同时起到一定的亮化作用,在传统能源占据大部分市场的今天,新能源无疑成为城市和社区的一大亮点。

◎ 提高人们的节能意识。传统能源的匮乏以及对环境的污染已经到了必须解决的地步,全球大气污染相当严重,新能源的利用可有效提高人们的节能意识,使我们的生活更加优质和节能。

风光互补路灯目前也存在故障率高、噪音大、灯光亮度低、人为损坏严重、维修不及时等问题。

# 3. 发掘"第五能源"

要解决能源问题,必须建设资源节约型、环境友好型社会,提高资源利用效率。"十二五规划"中能源发展的目标是2015年单位GDP能耗下降16%。要实现此目标,一是要改变产业结构,由重型产业结构转向技术型产业结构;二是要改善能源结构,由以煤炭为主转向煤、油、气和可再生能源等多元化的能源结构;三是降低单位产品的能耗,做到大幅度提高能源利用效率与开发新的能源供应源同时并举,还要依靠体制创新和技术进步,最大限度地减少能源生产利用对环境和健康的影响。节能无疑是首选策略。

> 【节能】
>
> 关于节能的概念通常有两个,即广义的节能和狭义的节能。
>
> 狭义的节能是指直接节能,就是指提高能源利用效率,降低能源实际消耗,所减少的数量就是节能的数量。
>
> 广义节能既包括直接节能,也包括间接节能。间接节能是指在生产和生活中,除节省能源以外的,还必须减少占用和消耗其他的各种资源。因此,节省任何一种人力、物力、财力和物质的消耗,都意味着节能。具体的途径有提高原材料的利用效率、延长设备的使用寿命、进行科学的管理使生产过程更合理等。
>
> 我们现在倡导的是要大力开展广义的节能活动。

 **STS**　　　　　　　**节能减排　科学发展**

开展一次以"节能减排,科学发展"为主题的系列教育活动,并进行一次国旗下讲话。拜访一位当地的建筑师或设计师,请他们想出一些改善本校能源利用效率的好办法。

🔈**声音**

最绿的能源是节省下来的能源。

——ABB中国公司的宣传语

节能利在当代,功荫后世。研究表明,节能与开发新能源相比,从投资上看,可节省投资三分之一;从建设周期上看,可缩短周期三分之一至三分之二。对社会发展和经济建设而言,节能不仅有见效快的现实优势,还可以带动增加产量、提高产品质量、改善环境等多方面的综合效益。

节能也意味着减少有害物质的排放,现在大家都知道这样的道理,若对环境不加以有效保护,等到污染以后再想到去治理,那就要成倍地增加资金投入。因此说节能与环保都是"利在当代,功荫后世",意义深远。

🔈**声音**

一盎司的预防胜过一英镑的治理。

——英国谚语

**我国相关的节能政策法规**

《中华人民共和国节约能源法》自1998年1月1日起施行，2007年10月28日修订后2008年4月1日施行。该法规定："节能，是指加强用能管理，采取技术上可行、经济上合理以及环境和社会可以承受的措施，从能源生产到消费的各个环节，降低消耗、减少损失和污染物排放、制止浪费，有效、合理地利用能源。"

国家发展和改革委员会颁布的《节能中长期专项规划》提出宏观节能量和主要产品单位能耗两个指标：

（1）宏观节能量指标：到2010年每万元GDP（1990年不变价，下同）能耗由2002年的2.68吨标准煤下降到2.25吨标准煤，2003—2010年年均节能率为2.2%，形成的节能能力为4亿吨标准煤。2020年每万元GDP能耗下降到1.54吨标准煤，2003—2020年年均节能率为3%，形成的节能能力为14亿吨标准煤，相当于同期规划新增能源生产总量12.6亿吨标准煤的111%，相当于减少二氧化硫排放2 100万吨。

（2）主要产品（工作量）单位能耗指标：2010年总体达到或接近20世纪90年代初期国际先进水平，其中大中型企业达到本世纪初国际先进水平；2020年达到或接近国际先进水平。

《中华人民共和国可再生能源法》于2008年4月1日正式实行。该法规定：电网企业要全额收购再生能源发电项目的上网电量。

节能是我们国家制定的基本国策，能源问题的解决一是靠开发，二是靠节约。尤其在能耗大的工业与交通部门实现节能的目标，是解决我国能源问题的重要途径之一。

 **数据库**

按平均每户家庭每天有15瓦待机耗电量（相当于一台电视机和一台DVD待机）计算，100万户家庭就会增加1.5万千瓦左右的用电负荷。

一台电脑一天的待机能耗高达30瓦，如果10万台电脑每天连续待机3小时，就将每天增加9 000度电的用电量，浪费十分惊人。

某晚报拥有30万订户，每人提供10份旧报纸，就可以回收750吨废纸，可再造600吨好纸，相当于少砍12 750棵大树，节煤约1 500吨，节电约45万度。

**STS** **改变你们家浪费能源的不良习惯**

列一张表格，列出你们家可以节能的一些方法，在适当场合向家人通报以便提醒他们注意。每个人都会乐于帮助你，因为他们都可以参与节能活动，而且节能还会省钱。

下面是吉灵同学开列的几项节能建议：

- 在每次打开冰箱门之前，先想好你要拿什么东西。然后打开冰箱门，迅速拿出你要的东西，随手关门。
- 屋子里没人的时候要把电灯关掉。
- 若在半小时内没有人看电视或使用电脑等设备，要把它们关掉。
- 烤面包片时，一次要烤两片，而不要先烤一片，一分钟后再烤另一片。
- 若有可能，就要提倡用微波炉来烹调食物。

生活中稍加关注，就会产生节能的灵感。试试看，也列几条节能小建议。

## 数据库

当夏季空调设定温度调高1摄氏度……

全国可以削减5%~7.5%的用电负荷，相当于少建设一个25万~35万千瓦的发电机组，节省10万~15亿元的电力建设投资；

空调耗能可降低约10%，节约2亿~3亿千瓦时的空调耗电量；

如果是火力发电，在节电的同时可以减少1 200~1 700吨二氧化硫和20~30万吨二氧化碳的排放；

一台1.5匹空调机每天若运行5个小时，调高1摄氏度每天可省0.3度电，夏季3个月则可节电27度。照此推算，一个400万户家庭的城市可望节省1.08亿度电，约5 000万元。

空调节电的妙招之一：在空调使用期间，每月至少应清洗一次室内机过滤网，也可请专业人员定期清洗室内和室外机的换热翅片。

### STS                        家庭节能36计

上网查阅或阅读有关"家庭节能36计"，结合自己的知识和能力，分析或列举节能新举措，并尝试写下来进行交流。

### ◆ 节能是"第五能源"

一种不用消耗、没有污染的最经济的"能源"近几年来悄悄跻身能源行列,这就是与煤炭、石油、天然气、电力四大能源同等重要的"第五能源"节能。建立节能型工业、节能型社会,必将成为增强经济发展后续能力的重要途径。

2007年6月,十届全国人大常委会第28次会议首次审议了《节约能源法(修订草案)》,明确指出实行节约资源是我国的基本国策,我国将实施节约与开发并举、把节约放在首位的能源发展战略。这就意味着我国将借助法律手段推动"十二五"规划期间节能减排目标如期实现。

"十二五"节能减排综合性工作方案指出,到2015年,全国万元国内生产总值能耗下降到0.869吨标准煤(按2005年价格计算),比2010年的1.034吨标准煤下降16%,比2005年的1.276吨标准煤下降32%;"十二五"期间,实现节约能源6.7亿吨标准煤。

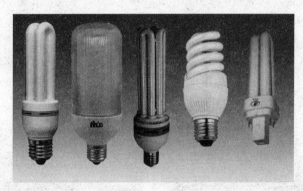

购买节能灯价格较高,但发光效率高、光线柔和、寿命长、耗电少。14瓦节能灯相当于75瓦白炽灯的亮度,可节电75%,长久计算,更为实惠。

 **话题争鸣**

在家庭照明设备中,在亮度相同的情况下,白炽灯的耗电量是节能灯的5倍,但是节能灯的售价往往是白炽灯的5~10倍。因此,在消费者中常能听到"使用节能灯,节能不省钱"的说法。面对上述现象和认识,你会选择使用节能灯吗?为什么?

宣传节能不仅可从经济效益角度大力宣扬,更要弘扬节能的社会责任。要意识到每个人手中都掌握着珍贵的资源,掌握着一条民族繁衍生息的"命脉"。因此,从自身做起,节约能源、节约每一种资源,也是为我们子孙后代的可持续发展尽责尽力。

我国能源消耗高、浪费大,这当然不是好事,但反过来也可以证明节能的潜力很大!若我们在节能上下工夫,不是"有几分热发一分光"的问题,而是真正做到"有一分热发一分光"。

【抽水蓄能电站】

名词解释

　　白天与晚上、工作日与休假日的社会用电量相差悬殊,电厂生产的交变电流,不用掉也是一种浪费,因此需要建蓄能电站来解决电能供需不平衡的问题。目前应用最广泛的是抽水蓄能技术。抽水蓄能就是电站在电网负荷低谷时启动抽水机,从电网获取电能把水抽到高处蓄能。在电网负荷高峰时放水启动发电机发电向电网输电。通过对用电负荷实施削峰填谷的办法,起到节能、保障供电和获取经济收益一举多得的作用。

链接

## 天荒坪抽水蓄能电站

　　天荒坪抽水蓄能电站位于浙江省安吉县境内,规模为亚洲第一、世界第二。天荒坪接近华东电网负荷中心,距沪、宁、杭直线距离均小于200千米,是华东电网极其重要的配套建设项目。电站有6台30万千瓦的发电机组,总装机容量180万千瓦,可以完成360万千瓦时的调峰填谷任务,对华东电网的调峰填谷、改善电源结构、提高供电质量和推动华东地区的经济发展都起着十分重要的作用。

　　天荒坪抽水蓄能电站年发电量31.6亿千瓦时,年抽水用电量42.86亿千瓦时,即:每发3度电,要用4度电来抽水,电能的利用率约在75%左右。从这一点来看电站产生的节能效果和经济效益非常可观。

　　天荒坪抽水蓄能电站有两个水库:上水库在海拔908米的山顶——天荒坪上,呈梨形,平均深42.2米,库容量885万立方米,相当于一个西湖,号称亚洲第一"锅"(见左图);下水库位于海拔350米的半山腰,库容量877万立方米,是由大坝拦截太湖支流西苕溪而成(见右图)。两水库的库底天然高差约600米。

◆ **为节能献策**

　　针对我国每年需要大量进口石油的现状,我们应清楚地认识到,当社会整体资源紧缺的时候,再有钱也将买不到资源。因此,在今后相当长的时间里"第五能源"的开发和利用,将直接关系到我国经济的国际竞争力。

# 4. 走进资源节约型社会

建设资源节约型社会,是中央做出的重大战略决策。资源节约型社会是资源有效配置、高效利用、经济社会快速发展、人与自然和谐相处的社会。建设资源节约型社会的核心是正确处理人和自然的关系,通过资源的高效利用、合理配置和有效保护,实现经济社会和生态的可持续发展。资源节约型社会的根本标志是人与自然和谐相处,它体现了人类发展的现代理念。

这里的"节约",其一是相对浪费而言的节约,其二是要求在经济运行中对资源、能源需求实行减量化。即:在生产和消费过程中,用尽可能少的资源、能源,创造相同的财富甚至更多的财富,最大限度地充分利用、回收各种废弃物。这种节约要求彻底转变现行的经济增长方式,进行深刻的技术革新,真正推动经济社会的全面进步。

**链接**

### 减少载水　节约燃油

东方航空公司除了鼓励旅客增强节能环保意识,员工也积极为飞机的节能出点子,乘务员薛松就是其中之一。他发现航班无论长短航线,起飞前水箱一般都是加满水的,而通常一个国内航班实际用水只消耗水箱容量的30%左右。即每架飞机常年多载大量的水,在天上飞来飞去,空耗燃油。他通过查阅资料了解到波音777B型飞机每减少1千克重量,1小时可以减少燃油0.156千克,出发时少加一半水,1小时的飞行可节油100千克。于是向公司递交了《控制航班加水量,给飞机减负以节约航油消耗》的建议,建议很快被采纳。同时,他还建议给飞机"瘦身",撤走飞机上基本不用的经济舱保温箱、垃圾压缩箱等物品,也为公司节约了燃油成本。

**STS**

### 建设节约型学校

以小组为单位,设计一个建设节约型学校的方案,对学校班级中节电、节水、节粮、节纸的情况做详细的调查,看看我们还有哪些方面有待提高,向有关人员或部门提出您的建议或改进措施。制定一份建设节约型学校的公约,并倡议大家一起努力去实现。

# 专题六 环境与健康

🎺**声音**

生活在新世纪的你,若要远离污染,回避生活享受中的风险,最有效的办法是与绿色生活结缘。

——摘自《绿色生活手册》

环境深刻地影响着人类的健康,世界卫生组织(WHO)的一份报告称:人类近四分之一的疾病都与环境因素有关。研究地理环境与人类健康的关系,并提出相应的行之有效的措施,可使我们生活得更美好。

## 1. 环境与地方病

人类生存依赖于自然环境,自然环境优劣直接影响人体状况。20世纪60年代,英国地球化学家哈密尔顿研究发现,人体组织中的元素含量曲线与地壳中元素丰度曲线具有惊人的相似性。地质环境中的微量元素通过土壤-水-植物-食物进入人体,若维持人体正常发育所需的微量元素供应不足或过剩,都会影响人体的正常生长发育及代谢。时间长了,就会患地方病。

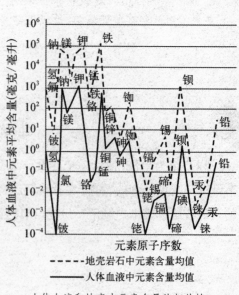

人体血液和地壳中元素含量的相关性。

**数据库**

我国是地方病流行较为严重的国家,31个省(区、市)不同程度地存在地方病危害,主要包括碘缺乏病、水源性高碘甲状腺肿、地方性氟中毒、地方性砷中毒、大骨节病和克山病。我国外环境普遍处于缺碘状态,除上海市外,30个省(区、市)都曾不同程度地流行碘缺乏病。水源性高碘病区和地区分布于9个省(区、市)的115个县(市、区),受威胁人口约3 000余万。燃煤污染型地方性氟中毒病区分布于13个省(市)的188个县(市、区),受威胁人口约3 582万。饮水型地方性氟中毒病区分布于28个省(区、市)的1 137个县(市、区),受威胁人口约8 728万。饮茶型地方性氟中毒病区分布于7个省(区)的316个县(市、区),受威胁人口约3 100万。燃煤污染型地方性砷中毒病区分布于2个省的12个县,受威胁人口约122万。饮水型地方性砷中毒病区分布于9个省(区)的45个县,且在19个省(区)发现生活饮用水砷含量超标,受威胁人口约185万。大骨节病病区分布于14个省(区、市)的366个县(市、区),受威胁人口约2 197万。克山病病区分布于16个省(区、市)的327个县(市、区),受威胁人口约3 225万。

多年来各地区各部门齐抓共管,社会广泛参与,加大综合防治力度,基本健全了地方病防治监测体系,地方病严重流行趋势总体得到控制,防治工作取得显著成效。截至2010年底,已有28个省(区、市)达到了省级消除碘缺乏病的阶段目标,97.9%的县(市、区)达到了消除碘缺乏病的目标;已查明的水源性高碘病区和地区基本落实停止供应碘盐措施;燃煤污染型地方性氟中毒病区改炉改灶率达到92.6%;基本完成已知饮水型地方性氟中毒中、重病区的饮水安全工程和改水工程建设;基本查清饮茶型地方性氟中毒的流行范围和危害程度;完成了地方性砷中毒病区分布调查,已知病区基本落实了改炉改灶或改水降砷措施;地方性氟中毒和砷中毒病区中小学生、家庭主妇的防治知识知晓率分别达到85%和70%以上;99%以上大骨节病重病区村儿童X射线阳性检出率降到20%以下;克山病得到有效控制。

我国地方病防治工作距实现消除地方病危害目标仍有较大差距,西藏、青海和新疆3省(区)仍处于基本消除碘缺乏病的阶段,水源性高碘病区和地区尚未全面落实防治措施,西部地区局部仍有地方性克汀病新发病例,尚有部分地方性氟中毒病区未完成改水,局部地区的大骨节病病情尚未完全控制。更为重要的是,地方病是生物地球化学因素或不利于健康的行为生活方式所致,在已落实综合防治措施的病区,只有建立长效防治机制,才能持续巩固防治成果,避免病情反弹。

## ◆ 地方病

名词解释

【地方病】

发生在某一特定地区,有一定的流行年代,同一定自然环境密切关联的疾病称为地方病。地方病分为化学性地方病和生物性地方病。化学性地方病又称"地球化学性疾病"。人体从环境摄入的元素量超出或低于人体所能适应的变动范围,就会患化学性地方病。如一个地区的碘元素分布异常,可引起地方性甲状腺肿或地方性克汀病;某种元素分布过多,可引起地方性氟中毒、地方性砷中毒、地方性硒中毒、地方性钼中毒等。生物性地方病是在某些特异的地区,由于某些致病生物或某些疾病媒介生物繁殖而造成的。如一些人烟稀少的草原和荒漠地区,存在着野鼠鼠疫的自然疫源地。人进入疫区,就有可能患病。

地方病多发生在经济不发达,同外地物资交流少以及卫生保健条件不良的地区(广大农村、山区、牧区等偏僻地区),病区呈灶状分布。

## ◆ 碘缺乏病

碘缺乏病的主要病因是环境缺碘、人体摄取碘不足所致,是分布最广、侵犯人数最多的一种地方病。目前,全球有10亿人生活在碘缺乏的环境中,其中至少有2亿以上的人口患有甲状腺肿大,有5 300万人口患有克汀病。

☆ 地理分布

该病主要多见于远离沿海及海拔高的山区,流行地区的土壤、水和食物中含碘量极少。除冰岛外,其他国家都不同程度地有碘缺乏病流行。碘缺乏病最为严重的地区是喜马拉雅山和巴布亚新几内亚,以及刚果河流域。拉丁美洲的安第斯山区、北美洲的五大湖地区,以及欧洲的阿尔卑斯山与比利牛斯山区也是流行此病较严重的地区。

☆ 影响

碘缺乏病分布广泛,受害人群众多,严重危害人口素质和社会经济发展。碘缺乏病不仅表现为地方性甲状腺肿、克汀病、单纯性聋哑、流产、早产和先天性畸形等,最主要的危害是缺碘影响胎儿的脑发育,导致儿童智力和体格发育障碍,造成碘缺乏地区人口的智能损害。此外,由于预防和治疗碘缺乏病,也会给病发国家和地区带来严重的经济影响。

碘缺乏对人体的影响

| 碘摄入量(微克/24小时) | | 边缘100~50 | 缺碘50~25 | 严重缺碘<25 |
| --- | --- | --- | --- | --- |
| 甲状腺功能 | | 代偿 | 代偿 | 无代偿 |
| 临床表现 | 甲状腺肿 | 少 | 多 | 很多 |

| 碘摄入量（微克/24小时） | | 边缘100~50 | 缺碘50~25 | 严重缺碘<25 |
|---|---|---|---|---|
| 临床表现 | 甲状腺功能 | 正常 | 正常 | 低 |
| | 生长发育 | 无影响 | 有某些影响 | 有影响 |
| | 妊娠适应 | 能适应 | 能或不能 | 不能 |
| | 克汀病儿 | 无 | 无 | 有 |
| | 智力低下儿童 | 无 | 增加 | 显著增加 |
| 化验室检查 | 甲状腺碘吸收率 | 增加 | 显著增加 | 极显著增加 |
| | 血浆蛋白结合碘 | 正常 | 低限 | 低 |
| | 三碘甲腺原氨酸 | 正常 | 正常或升高 | 升高或正常 |
| | 促甲状腺激素 | 正常 | 正常或升高 | 升高 |

☆ 防治

人体缺碘是由于环境缺碘造成的，而环境缺碘却非在短期内能改变。食盐加碘是最好的预防碘缺乏措施。对于缺碘地区的居民来讲，要世世代代食用碘盐，一旦停用，地方性甲状腺肿仍会复发。自20世纪20年代，碘盐首先在瑞士和美国用于防治地方性甲状腺肿和克汀病，现在已在全球范围内推行食用"加碘盐"计划。

◆ 大骨节病

大骨节病是一种慢性的骨关节对称畸形的地方病。在本病流行区，轻度患者关节增粗变形，肌肉萎缩，严重影响生产劳动；重者出现发育障碍、臂弯腿短、关节粗大、步态蹒跚，不仅丧失劳动能力，甚至致残、生活不能自理，是我国积极防治的重点地方病之一。

大骨节病患者。

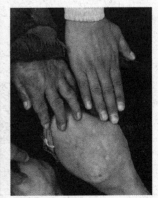
大骨节病患者的关节粗大变形。

☆ 地理分布

大骨节病已有130多年的流行史,大骨节病的分布具明显地方性。国外主要分布于西伯利亚东部、朝鲜北部、瑞典北部,日本也曾有报道。在我国分布范围大,从东北到西南的广大地区均有发病,主要发生于黑、吉、辽、陕、晋等省,多分布于山区和半山区,平原少见。

☆ 病因学说

① 生物地球化学说:认为本病由一种或几种元素过多、不足或不平衡所引起。早期曾认为与水土钙少及锶多、钡多有关。我国科学家发现大骨节病与环境低硒有密切关系。

② 真菌毒素说:认为病区谷物被某种镰刀菌污染并形成耐热的毒性物质,居民因食用含此种霉素的食物而得病。

③ 有机物中毒说:认为本病系由于病区饮水被腐殖质污染所致。日本学者泷泽等人研究饮水中植物性有机物与大骨节病的关系,认为有机物中阿魏酸对羟基桂皮酸可能为致病因素。

以上学说均有一定的依据,但都不能完全解释大骨节病发生和流行的原因,故有人提出了综合效应学说,认为本病是多种因素共同作用的结果。大骨节病的防治主要采取以改水为重点的综合性防治措施。推广"吃杂粮,改饮水,讲卫生,服硒"的综合防治措施,服硒对高发人群有保护作用。

◆ 克山病

克山病是一种以心肌坏死为主要症状的地方病。因1935年最先在我国黑龙江省

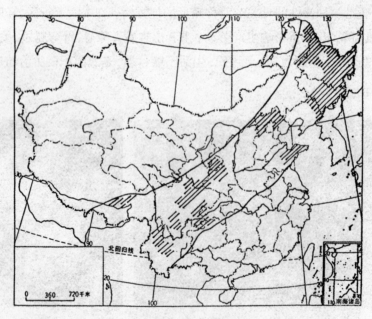

克山病在我国的地区分布示意图。

克山县发现,故命名为克山病。据资料调查,1980年急性克山病基本消失。患者主要表现为急性和慢性心功能不全,心脏扩大,心律失常以及脑、肺和肾等脏器的栓塞。个别患者可出现心源性休克。患者发病急,以损害心肌为特点,引起肌体血液循环障碍,心律失常、心力衰竭,死亡率较高。

☆ 地理分布

我国克山病病区的分布特点是基本上与大骨节病的分布相一致,形成一条由东北向西南延伸的宽带,位置居中,将我国分成西北、东南两个非病带。根据各地克山病多年发病情况和高发病情况,可将病区粗略地划分为重、中、轻3级。

☆ 病因探究与防治

目前克山病的病因尚未完全查明,初步认为可分微生物地球化学病因和生物病因。克山病全部发生在低硒地带,患者头发和血液中的硒明显低于非病区居民,而口服亚硒酸钠可以预防克山病的发生,说明硒与克山病的发生有关。但鉴于病区虽然普遍低硒,而发病仅占居民的一小部分,且缺硒不能解释克山病的年度和季节多发,所以还应考虑克山病的发生除低硒外尚有多种其他因素参与的可能,如水土和营养因素、病毒感染等。相同条件下汉族的发病率明显高于其他少数民族,可能与其生活习惯有关。生物性病因学说认为克山病是一种自然疫源性疾病,目前主要集中于病毒方面的研究。

适当补充一定量的硒,可降低克山病的发病率和死亡率。另外改善营养、合理搭配膳食,改良饮水、消除发病诱因等也有一定的预防作用。克山病在临床上的治疗主要是对症治疗,减轻症状,提高生活质量,降低死亡率。

## ◆ 地方性氟中毒

氟是构成地壳的固有元素之一。它对机体的影响随着摄入量而变动。当氟缺乏时,动物和儿童龋齿发病率升高,摄入适量的氟可预防龋齿,有益儿童生长发育,可预防老年人骨质变脆,氟是机体必需的微量元素之一。但当某一地区氟分布过高,人体摄入量偏多时,可影响细胞酶系统的功能,破坏钙磷代谢平衡,从而引起特异的疾病——地方性氟中毒。它是一种典型的地方病,主要特征是氟斑釉齿和氟骨症。病区和非病区境界分明,故不少国家就以地区命名。如美国称之为"得克萨斯牙齿",日本称之为"阿苏火山病"。

☆ 地理分布

我国的氟中毒分布很广,除上海、海南外,其他各地均有不同程度的氟中毒流行。在我国主要有三种类型:饮水型地方性氟中毒、燃煤污染型地方性氟中毒和饮茶型地方性氟中毒。受威胁的人口达727万之多,氟斑牙患者达2 100多万人,氟骨症患者100多万人。病区大多分布在黄河以北的干旱半干旱地区,西到新疆,东到黑龙江省西部。我国南方的病区多呈点状分布,大部分是高氟温泉和富氟岩矿影响所致。

☆ 症状

① 氟斑釉齿：居住于高氟区（水氟高于1.0毫克/升，或食物中氟高）排除其他原因，牙齿发生斑釉改变，即可认定为氟斑釉齿。它是慢性氟中毒最早出现的症状之一，因牙齿生长期成釉细胞发生障碍所致。受损害时间是恒齿生长期；到恒齿钙化后，即不再受损害。地方性氟斑牙多具明显的地方性、家族性、多发性（多个牙发病）和对称性的特点。

氟斑釉齿是地方性氟中毒的典型症状。

② 氟骨症：生活于高氟区，患有氟斑牙，具有痛、麻、抽、紧以及硬、弯、残、瘫等临床表现者；或生活于病区，无氟斑牙，但X线片有氟骨症变化者。

骨骼是氟中毒损害的主要器官，骨氟随年龄增长而增长。由于骨骼的脱钙和肌腱、韧带的钙化，可以引起肢体变形、颈项强直，脊柱前弯受限制，呈现驼背畸形。甚至四肢大关节屈曲固定，肌肉挛缩，失去随意运动的能力。

☆ 防治

地方性氟中毒并无特效疗法。当前治疗的原则是补充钙，减少氟的吸收，并增加氟的排出。

① 调查水质、改善水源。改善水质是预防地方性氟中毒的基本措施，在降低水中含氟量方面可因地制宜采取各种措施。例如在很多浅水中含氟高、而深层水中含氟低的地区，可用深井水代替浅井水；在井水中含氟高的地区，可改用地面水作饮水源。在当地缺乏低氟水时，亦可在适当的地区引低氟水饮用。

② 降低水中的含氟量。对含氟高的饮水不能改变水源时，可采取除氟措施。

③ 通过改灶改炉，减轻和清除燃煤污染型的地方性氟中毒的危害。

④ 通过改变饮茶习惯，控制饮茶型地方性氟中毒危害。

**链接**　　　**微量元素对健康的影响**

人体内化学元素的含量可分为宏量元素和微量元素两类。宏量元素有氧、碳、氢、氮、钙、磷、钾、硫、钠、氯、镁和硅等，占人体总重量的99.95%。微量元素是人体内含量少于0.01%的化学元素。人体必需的微量元素有铁、锌、铜、铬、锰、钴、氟、碘、钼、硒等。另外，还有一些从外环境通过各种途径（水、食物、空气等）进入人体的有毒微量元素，如汞、镉、铊、铍、铅等。人体必需的微量元素，也是动物在生长和发育过程中所必需的。

微量元素在人体内含量虽极微，却具有巨大生物学作用。其生理功能主要有：

◎ 微量元素能协助宏量元素的输送，如含铁血红蛋白有输氧功能。

◎ 微量元素是体内各种酶的组成成分和激活剂。已知体内千余种酶大都含有一个或多个微量金属原子。如：锌能激活肠磷酸酶和肝、肾过氧化酶，又是合成胰岛素所必需的；锰离子可激活精氨酸酶和胆碱酯酶等；钴是维生素B$_{12}$的组成成分之一，等等。

◎ 可参与激素作用，调节重要生理功能。如碘是甲状腺激素的重要成分之一，环境缺碘则机体不能合成甲状腺激素，就会影响机体正常代谢和儿童的生长发育。

◎ 一些微量元素可影响核酸代谢。核酸是遗传信息的载体，它含有浓度相当高的微量元素，如铬、钴、铜、锌、镍、钒等。这些元素对核酸的结构、功能和脱氧核糖核酸（DNA）的复制都有影响。

微量元素同其他元素一样，受体内平衡机制的调节和控制。摄入量过低，会发生某种元素缺乏症；但摄入量过多，微量元素积聚在生物体内也会出现急、慢性中毒，甚至成为潜在的致癌物质。大量流行病学调查证实，环境中微量元素的含量，对肿瘤的发生和发展有重大影响。例如：土壤和水中缺锰，可能是芬兰和中国某些地区癌症发病率高的原因；美国某些环境缺硒，可能是造成肠癌高发区的原因。

**人体或生物必需的微量元素的生理功能**

| 分类 | 元素 | 生 理 功 能 |
|---|---|---|
| 必需微量元素 | 铁 | 血红蛋白中氧的载体，多种氧化还原体系所必需，多种酶的活性部分 |
| | 铬 | 人体必需元素，同糖类和脂肪代谢有关 |
| | 钴 | 维生素B$_{12}$的必要组分 |
| | 铜 | 氧化还原体系中有效的催化剂，影响酶活性 |
| | 锌 | 多数酶的必要组分，与正常生长发育有关，影响酶活性 |
| | 硒 | 谷胱甘肽过氧化物酶的组分，抗不生育，防止营养不良，多种金属的解毒剂 |
| | 钼 | 嘌呤转化为尿酸的催化酶组分、酶的激活剂，能量交换所必需 |
| | 碘 | 甲状腺激素的原料 |
| 可能必需元素 | 硼 | 能加强雌激素代谢，影响骨代谢 |
| | 硅 | 保持血管壁弹性，参与生长发育、软骨结缔组织生成及骨矿化 |
| | 钒 | 有助于脂肪和胆固醇的新陈代谢，增强机体的造血功能，加强心肌的收缩能力等 |
| | 锰 | 多种酶催化反应，同钙、磷代谢有关 |
| | 镍 | 促进铁的吸收和利用，激活酶活性 |
| 有潜在毒性的必需元素 | 锂 | 刺激造血功能，增强免疫力，影响生物胺合成与代谢 |
| | 氟 | 骨骼坚硬、预防龋齿的必需元素 |
| | 铝 | 参与脑的发育与神经传导 |
| | 砷 | 同硒的营养生物化学作用互相关联，有生血功能，促进细胞、组织生长 |
| | 镉 | 能与蛋白、酶形成金属螯合物，失去它们原有的生物功能 |
| | 锡 | 促进蛋白质和核酸的合成，参与胸腺的免疫功能，抑制癌细胞的生长 |
| | 汞 | 它与蛋白质、酶、核酸、细胞膜、线粒体等大分子结合，干扰和改变它们的生物功能 |
| | 铅 | 参与胎儿、婴儿的生长发育 |

### ◆ 人类与地方病防治的关系

从历史发展看,人类与地方病防治的关系经历了5个发展阶段,具体见下表。

**人类与地方病防治关系的5个发展阶段**

| 历史发展阶段 | 人类与地方病防治的关系 |
| --- | --- |
| 原始社会、奴隶社会、封建社会 | 被动阶段 |
| 资本主义社会前期 | 较被动阶段 |
| 资本主义社会后期到20世纪50年代 | 较主动预防阶段 |
| 20世纪50年代到20世纪末 | 主动预防阶段 |
| 21世纪以来 | 积极应对与防治结合 |

 **话题争鸣**

地方病与水土、地形、地质构造有密切关系。通过对地理环境的研究,发现虽然是同一地区,因地形地貌、水土性质上有差别,也会有病区和非病区、重病区和轻病区的不同。有人认为:"如果把大量的调查结果与传统风水理论作比较,则可发现,如果按照风水理论关于相土尝水、地形地貌、水文地质等各方面的选择标准来权衡,吉利者恰在非病区,而病区的水土环境正是风水视为有诸多不吉利的地方。"你对此有何看法?

 **STS** 　　　　　**微量元素专刊**

出一期专刊,介绍微量元素对人体健康的影响,以及如何从食物中摄取人体需要的微量元素。

 **思考**

(1) 你还知道哪些地方病?与饮用水有关的地方病有哪些?

(2) 走访当地的保健品市场,了解保健食品中添加的微量元素及其主要功能。

(3) 你吃过富硒蛋吗?你认为这种高价食品的卖点在哪里?

# 2. 环境与公害病

18世纪末到20世纪初的工业革命给人类社会带来巨大的生产力的同时,也使人类赖以生存的环境遭到前所未有的破坏。各种污染物通过多种途径进入人体,被吸收后以其原形或代谢产物作用于某些器官,对人体健康的影响具有广泛性、长期性和潜伏性等特点,又具有致癌、致畸、致突变等作用,导致慢性病的发生,有的潜伏期长达十几年,有的甚至在后代身上表现出来。20世纪50年代至60年代,环境污染严重甚至发展成为社会公害,世界上发生了著名的"八大公害事件"。公害病层出不穷,对公众的健康、安全造成严重危害。

◆ 公害与公害病

名词解释

**【公害】**

　　凡由于人类活动污染和破坏环境,对公众的健康、安全、生命、公私财产及生活舒适性等造成的危害均为公害。

名词解释

**【公害病】**

　　公害病是由环境污染引起的地方性疾病。公害病不仅是一个医学概念,而且具有法律意义,须经严格鉴定和国家法律正式认可。公害病对人群的危害比职业性危害更为广泛,凡处于公害范围内的人群,不分年龄都会受到影响,胎儿也不例外。职业性危害则只限于工作地点和在工作时间之内的职工。形成公害的污染物,一般与构成职业性危害的污染物具有相同的种类和性质,只是浓度较低。但浓度低并不意味着危害轻,因为汇集到环境中的多种有害物质在各种环境因素作用下,可能发生物理、化学或生物学方面的变化,从而产生各种不同的危害。

◆ 公害病的特征

　　◎ 它是由人类活动造成的环境污染所引起的疾病。如发生在日本四日市的由大气污染引发的哮喘病。

　　◎ 引起公害病的污染源往往同时有好几个。如1952年伦敦烟雾事件中,引起致病毒雾的污染源有二氧化硫、烟尘、硫酸微滴等。

　　◎ 公害病一般具有长期(十年或数十年)陆续发病的特征,还可能危及胎儿,危害后代。它也可能是急性暴发型疾病,使大量人群在短时期内发病。如日本有名的由镉污染导致的"痛痛病",就是在受到污染后数十年才大量发生的。

◎ 公害病往往是疾病谱中的新病种。由于它是某一地区环境污染造成的,对于这类新病种,有些因发病机制还不清楚,从而缺乏特效疗法。因此人们对它猝不及防,往往等发现以后才去寻找病因。

◎ 具有地区性。研究环境污染与地理条件的关系、污染物的毒性作用和特点以及剂量—反应关系、毒性作用机理,制订环境质量标准与环境质量的人体健康评价,都是医学地理学的任务。

◆ 20世纪中叶世界重大公害事件

因环境污染造成的在短期内人群大量发病和死亡的事件称为公害事件。

20世纪的30~60年代,震惊世界的环境污染事件频繁发生,使众多人群非正常死亡、残废、患病的公害事件不断出现,其中最严重的有八起污染事件,人们称之为"八大公害"。

**20世纪中叶世界重大公害事件**

| 公害事件 | 污染物 | 发生地 | 发生时间 | 中毒情况 | 中毒症状 | 致害原因 | 公害成因 |
|---|---|---|---|---|---|---|---|
| 马斯河谷烟雾事件 | 烟尘、二氧化硫 | 比利时马斯河谷 | 1930年12月 | 几千人发病,60人死亡 | 胸痛、咳嗽、呼吸困难等 | 二氧化硫氧化为三氧化硫,进入人肺深处 | 山谷中众多工厂,逆温天气,工业污染物累积又遇雾日 |
| 多诺拉烟雾事件 | 烟尘、二氧化硫 | 美国多诺拉镇 | 1948年10月 | 四天内全镇人口42%发病,死亡17人 | 咳嗽、头痛、肢体酸乏、呕吐、腹泻 | 二氧化硫与烟尘作用生成硫酸,吸入肺部 | 工厂多,遇雾天和逆温天气 |
| 伦敦烟雾事件 | 烟尘、二氧化硫 | 英国伦敦市 | 1952年12月 | 五天内死亡了4 000多人 | 咳嗽、呕吐、喉痛 | 烟尘中的三氧化二铁使二氧化硫变成硫酸沫,吸入肺部 | 居民燃煤取暖,煤中硫含量高,排出的烟尘量大,遇逆温天气 |
| 洛杉矶光化学烟雾事件 | 光化学烟雾 | 美国洛杉矶市 | 1943年5—10月 | 大多数居民患病,65岁以上老人死亡400多人 | 刺激眼鼻、灼伤喉咙和肺部、胸闷等,还使植物大面积受害 | 石油工业和汽车废气在紫外线作用下形成光化学烟雾 | 汽车尾气的大量排放,地形和逆温使污染物积聚 |

| 公害事件 | 污染物 | 发生地 | 发生时间 | 中毒情况 | 中毒症状 | 致害原因 | 公害成因 |
|---|---|---|---|---|---|---|---|
| 水俣病事件 | 甲基汞 | 日本熊本县水俣市 | 1953—1956年 | 汞中毒者283人,其中60人死亡 | 口齿不清、手足麻痹、感觉障碍、视觉丧失、震颤、手足变形、精神失常、身体弯弓,直至死亡 | 甲基汞被鱼虾吃后通过食物链进入动物和人体 | 氮肥生产中,采用氯化汞和硫酸汞作催化剂,含甲基汞的毒水废渣排入水体 |
| 痛痛病（骨痛病）事件 | 镉 | 日本富山县神通川流域 | 1955—1972年 | 患者280人,死亡81人 | 关节痛、神经痛和全身骨痛,最后骨骼软化、骨折,患者在疼痛中死亡 | 吃含镉的食物和水 | 炼锌厂将大量未经处理的废水排放注入神通川 |
| 哮喘事件 | 烟尘、二氧化硫、重金属粉尘 | 日本四日市 | 1961年 | 哮喘病患者达817人,死亡36人 | 支气管炎、哮喘、肺气肿、肺癌等 | 有毒重金属微粒及二氧化硫吸入肺部 | 工厂向大气排放二氧化硫和煤粉尘数量多,并含有钴、锰、钛等 |
| 米糠油事件 | 多氯联苯 | 日本北九州市、爱知县一带 | 1968年3月 | 患者超5 000人,死亡16人,实际受害者约13 000人 | 皮疹、眼结膜充血、肝功能下降、急性肝坏死、肝昏迷,以致死亡 | 食用含多氯联苯的米糠油 | 米糠油在生产中,用多氯联苯作载热体,因管理不善,毒物进入米糠油 |

资料来源:《环境学导论》,清华大学出版社,1985年。

**链接**

### DDT

DDT的中文名称滴滴涕,从英文缩写DDT而来,化学名为双对氯苯基三氯乙烷(Dichlorodiphenyltrichloroethane),化学式$(ClC_6H_4)_2CH(CCl_3)$。为白色晶体,不溶于水,溶于煤油,可制成乳剂,是有效的杀虫剂。

DDT的化学结构。

DDT最先在1874年被分离出来,直到1939年才由瑞士诺贝尔奖获得者——化学家保罗·缪勒(Paul Muller)重新认识到其对昆虫是一种有效的神经性毒剂。DDT在二战中开始大量地以喷雾方式用于对抗黄热病、斑疹伤寒、丝虫病等虫媒传染病。例如在印度，DDT使疟疾病例在10年内从7 500万例减少到500万例。同时，对家畜和谷物喷DDT，也使其产量得到双倍增长。DDT在全球抗疟疾运动中起了很大的作用。

但在20世纪60年代，科学家发现DDT在环境中非常难降解，并可在动物脂肪内蓄积，甚至在南极的企鹅血液中也检测出DDT。DDT已被证实会扰乱生物的荷尔蒙分泌。2001年的《流行病学》杂志提到，科学家通过抽查24名16～28岁墨西哥男子的血样，首次证实了人体内DDT水平升高会导致精子数目减少。除此以外，新生儿的早产和初生时体重的增加也和DDT有某种联系，已有的医学研究还表明了它对人类的肝脏功能和形态有影响，并有明显的致癌性能。1962年，美国科学家蕾切尔·卡森（Rachel Carson）在其著作《寂静的春天》中怀疑，DDT进入食物链是导致一些食肉和食鱼的鸟类接近灭绝的主要原因。鉴于DDT的累积性和持久性，形成对人类健康和生态环境潜在的危害，从20世纪70年代后DDT逐渐被各国明令禁止生产和使用。

## STS

疟疾目前还是发展中国家最主要的病因与死因，除与疟原虫对氯奎宁等治疗药物产生抗药性外，也与目前还未找到一种经济有效、对环境危害小、又能代替DDT的杀虫剂有关。基于此，世界卫生组织于2002年宣布，重新启用DDT，用于控制蚊子的繁殖以及预防疟疾、登革热、黄热病等在世界范围的卷土重来。对此你是如何看待的？请谈谈理由。

1972年在斯德哥尔摩召开联合国第一次人类环境大会后，全球环境公害事件仍频繁发生。

近30年全球环境公害事件

| 事 件 | 时 间 | 地 点 | 危 害 | 原 因 |
|---|---|---|---|---|
| 三哩岛核电站泄露 | 1979年3月28日 | 美国宾夕法尼亚州 | 周围50英里200万人口极度不安，直接损失10多亿美元 | 核电站反应堆严重失水 |
| 博帕尔农药泄漏 | 1984年12月2—3日 | 印度中央邦首府博帕尔 | 1 408人死亡，2万人严重中毒，15万人接受治疗，20万人逃离 | 45吨异氰酸甲酯泄漏 |
| 切尔诺贝利核电站泄露 | 1986年4月26日 | 前苏联乌克兰 | 31人死亡，203人受伤，13万人疏散，直接损失30亿美元 | 4号反应堆机房爆炸 |

| 事　件 | 时　间 | 地　点 | 危　　害 | 原　因 |
|---|---|---|---|---|
| 海湾战争油污染事件 | 1990年8月2日至1991年2月28日战争期间 | 海湾地区 | 先后泄入海湾的石油达150万吨。在短时间内使数万只海鸟丧命,并毁灭了波斯湾一带大部分海洋生物。约有700余口油井起火,含有二氧化碳的烟雾飘到数千千米外的喜马拉雅山南坡、克什米尔河谷一带,构成了全球性的污染 | 海湾战争导致科威特南部的输油管到处破裂,原油滔滔入海 |
| 松花江污染事件 | 2005年11月 | 松花江流域 | 形成长度约80千米的污水团,持续半个月左右先后影响下游城市(如哈尔滨市等)生产、生活用水安全,也影响到俄罗斯远东部分地区的水质安全 | 吉林石化公司双苯厂发生爆炸,约有100吨左右的苯类污染物进入了松花江水体 |
| 日本地震核泄漏(或"福岛核电站事故") | 2011年3月11日 | 日本福岛 | 12万人进行核辐射检查;辐射污水外泄 | 在大地震中受损的福岛第一核电站2号机组的高温核燃料发生"泄漏事故" |

### 链 接

## 2011年福岛核电站事故

　　福岛核电站(Fukushima Nuclear Power Plant)是世界上最大的核电站,由福岛第一核电站和福岛第二核电站组成,共10台机组(一站6台,二站4台),均为沸水堆。福岛核电站位于北纬37度25分14秒,东经141度2分,地处日本福岛工业区。日本经济产业省原子能安全和保安院2011年3月12日宣布,日本受9级特大地震影响,福岛第一核电站的放射性物质发生泄露。2011年4月11日16点16分福岛再次发生7.1级地震,日本再次发布海啸预警和核泄露警报。

　　日本大地震造成福岛第一核电站损毁极为严重,大量放射性物质泄漏。日本内阁官房长官枝野幸男宣布第一核电站的1~6号机组将全部永久废弃。联合国核监督机构国际原子能机构(IAEA)干事长天野之弥表示日本福岛核电厂的情势发展"非常严重"。法国法核安全局先前已将日本福岛核泄漏列为六级。2011年4月12日,日本原子能安全保安院根据国际核事件分级表将福岛核事故定为最高级七级。

　　2013年10月9日,福岛第一核电站工作人员因误操作导致约7吨污水泄漏。设备附近的6名工作人员遭到污水喷淋,受到辐射污染。日本东京电力公司2013年11月20日宣布,将对福岛第一核电站的第五和第六座核反应堆实施封堆作业。福岛第一核电站将完全退出历史舞台。

　　2011年3月26日,中国环境保护部有关负责人介绍,环保部门设在黑龙江省饶河县、抚远县、虎林县3个监测点的气溶胶样品中检测到极微量的人工放射性核素碘－131, 浓度分别为0.83~4.5×10贝克/立方米、0.68~6.8×10贝克/立方米、0.69~6.9×10贝克/立方米，相应的国家标准（GB18871-2002）规定其限值为24.3贝克/立方米。所检测出的放射性剂量值小于天然本底辐射剂量的十万分之一，仍在当地本底辐射水平涨落范围之内，不需要采取任何防护行动。污染物在扩散过程中会逐渐稀释，浓度降低，能检测到的也是极其微量。这些微量的放射性物质，不会影响公众健康，不需要采取隐蔽在家中或戴口罩等措施，也不需要服用碘片。

与导致公害病和地方病相反的例子是人类长寿区的存在。目前，全世界有5个地方被国际自然医学会认定为长寿之乡：中国广西巴马、中国新疆和田、巴基斯坦罕萨、外高加索地区及厄瓜多尔的比尔卡班巴。除了基因遗传、社会背景、饮食习惯之外，良好的地理与生活环境是长寿的关键因素之一。因此，医学地理学还要对疗养资源的开发、疗养地的选择，以及如何创造有利的生活生存环境提供研究结果和行之有效的办法。

空气质量与公众健康。

## STS　　　　　　　地理环境对长寿的影响

查阅相关资料，分析地理环境对长寿的影响。

## 无 公 害

"无公害"是相对公害而言的，是指将公害控制在一定范围内，对人、动植物和环境不构成公共的污染和危害。浅显的无公害是将农产品污染和危害控制通过"无公害"三个字通俗化，便于社会认可、引起共鸣；深刻的无公害不仅仅是指产品质量本身安全，而且潜在要求对生产环境和动植物本身也必须安全。也就是说，除了追求产品本身的安全之外，无公害还包括生产过程安全、环境安全和生态安全。在某种程度上讲，"无公害"三个字传递的是人与自然友好、和谐、共生，比产品安全的范围要广、内涵要深。

### ◆ 关注城市空气质量

就像发布天气预报一样，电视台每天会向公众发布北京、上海、天津、重庆等重点城市的空气质量日报。如今，在我们的生活中，关注城市空气质量已成习惯。

☆ 为什么要公告环境空气质量？

随着社会经济的快速发展、工业化水平的提高，人类活动对环境产生的影响越来越大，尤其是在城市集中了大量的工厂、车辆、人口。由于以上原因，空气质量逐渐开始恶化。哪些地方在恶化，恶化程度如何，发展趋势如何，专家关心它，人民关心它，政府更关心它。在新闻媒体上公开发布空气质量状况，是政府为民办实事的一项举措，是环保工作走向与国际接轨的一项基础性工作，它不仅有利于环保工作的公开透明，也有助于促进公众环保意识的提高和对环保工作的参与。空气质量根据报告时间的不同，可分为每小时报告的时报、每天报告的日报、每周报告的周报等。

**名词解释**

**【空气质量指数（AQI）】**

空气质量指数（Air Quality Index，简称AQI）是定量描述空气质量状况的无量纲指数。针对单项污染物，还规定了空气质量分指数。参与空气质量评价的主要污染物为细颗粒物、可吸入颗粒物、二氧化硫、二氧化氮、臭氧、一氧化碳等6项。

☆ AQI是怎样进行计算与评价的？

AQI的计算与评价过程大致可分为3个步骤：

◎ 第一步是对照各项污染物的分级浓度限值，以细颗粒物（PM2.5）、可吸入颗粒物（PM10）、二氧化硫（$SO_2$）、二氧化氮（$NO_2$）、臭氧（$O_3$）、一氧化碳（CO）等各项污染物的实测浓度值（其中PM2.5和PM10为24 h平均浓度），分别计算得出空气质量分指数（Individual Air Quality Index，简称IAQI）；

◎ 第二步是从各项污染物的IAQI中选择最大值确定为AQI，当AQI>50时，将IAQI最大的污染物确定为首要污染物；

◎ 第三步是对照AQI分级标准，确定空气质量级别、类别及表示颜色、对健康影响情况与建议采取的措施。

简而言之，AQI就是各项污染物的IAQI中的最大值，当AQI>50时对应的污染物即为首要污染物。

## 空气质量指数分级

AQI的数值越大、级别和类别越高、表示颜色越深,说明空气污染状况越严重,对人体的健康危害也就越大,大家可以将AQI作为安排生活与出行时的参考。

| AQI数值 | AQI级别 | AQI类别及表示颜色 | | 对健康影响情况 | 建议采取的措施 |
|---|---|---|---|---|---|
| 0~50 | 一级 | 优 | 绿色 | 空气质量令人满意,基本无空气污染 | 各类人群可正常活动 |
| 51~100 | 二级 | 良 | 黄色 | 空气质量可接受,但某些污染物可能对极少数异常敏感人群健康有较弱影响 | 极少数异常敏感人群应减少户外活动 |
| 101~150 | 三级 | 轻度污染 | 橙色 | 易感人群症状有轻度加剧,健康人群出现刺激症状 | 儿童、老年人及心脏病、呼吸系统疾病患者应减少长时间、高强度的户外锻炼 |
| 151~200 | 四级 | 中度污染 | 红色 | 进一步加剧易感人群症状,可能对健康人群心脏、呼吸系统有影响 | 儿童、老年人及心脏病、呼吸系统疾病患者避免长时间、高强度的户外锻炼,一般人群适量减少户外运动 |
| 201~300 | 五级 | 重度污染 | 紫色 | 心脏病和肺病患者症状显著加剧,运动耐受力降低,健康人群普遍出现症状 | 儿童、老年人和心脏病、肺病患者应停留在室内,停止户外运动,一般人群减少户外运动 |
| >300 | 六级 | 严重污染 | 褐红色 | 健康人运动耐受力降低,有明显强烈症状,提前出现某些疾病 | 儿童、老年人和病人应当停留在室内,避免体力消耗,一般人群应避免户外活动 |

☆ AQI与原来发布的API有什么区别?

AQI与原来发布的空气污染指数(Air Pollution Index,简称API)有着很大的区别。AQI分级计算参考的标准是新的环境空气质量标准(GB3095-2012),参与评价的污染物为$SO_2$,$NO_2$,PM10,PM2.5,$O_3$,CO这6项;而API分级计算参考的标准是老的环境空气质量标准(GB3095-1996),评价的污染物仅为$SO_2$,$NO_2$和PM10这3项,且AQI采用分级限制标准更严。因此AQI较API监测的污染物指标更多,其评价结果更加客观。

☆ 什么是PM2.5?

PM是英文Particulate Matter(颗粒物)的首字母缩写。PM2.5即细颗粒物,指环境空气中空气动力学当量直径小于等于2.5微米的颗粒物。细颗粒物的化学成分主要包括有机碳（OC）、元素碳（EC）、硝酸盐、硫酸盐、铵盐、钠盐（Na⁺）等。它能较长时间悬浮于空气中，其在空气中含量浓度越高，就代表空气污染越严重。虽然PM2.5只是地球大气成分中含量很少的组分，但它对空气质量和能见度等有重要的影响。与较粗的大气颗粒物相比，PM2.5粒径小，面积大，活性强，易附带有毒、有害物质，且在大气中的停留时间长、输送距离远，因而对人体健康和大气环境质量的影响更大。

☆ PM2.5从哪里来？

颗粒物的成分很复杂，主要取决于其来源。其来源主要有自然源和人为源两种，但危害较大的是后者。

自然源包括土壤扬尘、海盐、植物花粉、孢子、细菌等。自然界中的灾害事件，如火山爆发向大气中排放了大量的火山灰、森林大火或裸露的煤原大火及尘暴事件都会将大量细颗粒物输送到大气层中。

人为源包括固定源和流动源。固定源包括各种燃料燃烧源，如发电、冶金、石油、化学、纺织印染等各种工业过程、供热、烹调过程中燃煤与燃气或燃油排放的烟尘。流动源主要是各类交通工具在运行过程中使用燃料时向大气中排放的尾气。PM2.5可以由硫和氮的氧化物转化而成。而这些气体污染物往往是人类对化石燃料（煤、石油等）和垃圾的燃烧造成的。在发展中国家，煤炭燃烧是家庭取暖和能源供应的主要方式。没有先进废气处理装置的柴油汽车也是颗粒物的来源。燃烧柴油的卡车排放物中的杂质导致颗粒物较多。在室内，二手烟是颗粒物最主要的来源。

☆ 如何改善城市空气质量？

防治大气污染、控制污染排放是改善空气质量的根本措施，其主要途径如下：工业合理布局，搞好环境规划；改变能源结构，推广清洁燃料，使用清洁生产工艺，减少污染物排放；强化节能，提高能源利用率，区域集中供暖供热；强化环境监督管理和老污染源的治理，实施总量控制和达标排放；严格控制机动车尾气排放等。

植物有过滤各种有毒、有害大气污染物和净化空气的功能，树林尤为显著，所以绿化造林是防治大气污染的比较经济有效的生态学措施。

**链接**

## 我国发生持续大规模雾霾天气

2013年1月，我国发生持续大规模的雾霾天气，雾霾覆盖范围涉及17个省、市、自治区1/4的国土面积，影响人口约6亿。

2013年1月12日起，全国中东部地区都陷入严重的雾霾和污染天中。环保部门的数据显示，从东北到西北，从华北到中部乃至黄淮、江南地区，都出现了大范围的重度和严重污染。

大雾警报从1月11日开始拉响,12日,各地的警报连连升级。在受影响最严重的京津冀地区,北京、石家庄、保定、邯郸、天津、沧州、廊坊、唐山等都发布了大雾橙色预警。其余在山东、四川、安徽等省市都发布了黄色或橙色预警。河南新乡和开封甚至发布了大雾红色预警信号。

与此同时,全国出现了大范围、极其严重的污染过程。从环保部下属的中国环境监测总站的空气质量实时发布平台可见,至12日19时,东北三省,西北的新疆,华北平原,山东、江苏、浙江、福建等沿海省份,以及河南、安徽、湖北、湖南、陕西等中部省份,均呈现出大范围的重度和严重污染。11日,污染带尚未扩展到沿海地区,12日夜间,沿海的污染颜色也在加重。12日的全国污染过程中,最严重的是华北平原的京津冀地区,密密麻麻地聚集了代表最高污染等级——严重污染的深褐色,这与雾的分布相吻合。

据专家解析,冷空气势力较弱;华北平原、长江中下游平原、四川盆地等地区风力较小;大气层结稳定;一些地区有降水和地面水汽蒸发的影响,使得近地面空气的相对湿度越来越大;在上述地区,夜间天空晴朗少云,辐射降温的幅度比较明显。这些都有利于湿空气饱和凝结,形成大雾。在这种稳定的天气形势下,空气中的污染物在水平和垂直方向上都不容易向外扩散,使得污染物在大气的浅层积聚,从而导致污染的状况越来越严重。这也是导致我国中东部地区出现大范围霾的重要原因。

☆ 什么是雾霾?

雾霾是雾和霾的组合词,是两种不同的天气现象。霾是由空气中的灰尘、硫酸、硝酸、有机化合物等粒子组成的,空气中水汽含量较少,相对湿度较小。雾是浮游在空中的大量微小水滴或冰晶,空气中水汽含量较大,湿度较大。它们都能使大气浑浊、视野模糊,并导致能见度恶化。

☆ 雾霾天气是如何形成的?

雾霾天气是一种大气污染状态,是对大气中各种悬浮颗粒物含量超标的笼统表述,尤其是PM2.5(Particular Matter,空气动力学直径小于2.5微米的颗粒物)被认为是造成雾霾天气的元凶。雾霾天气的形成原因主要包括:

◎ 一是有形成雾霾的气象条件,在暖湿气流的控制下,地表的水蒸气不能上升,空气湿度增加,形成雾。静稳天气加上高湿、混合层薄、降水日数减少等,都会造成雾霾天气增多。

◎ 二是人为因素,工业生产废气、汽车尾气、建筑尘埃等小颗粒大量排放,形成霾。中国社会科学院、中国气象局联合发布的《气候变化绿皮书:应对气候变化报告(2013)》中就指出,我国持续性雾霾显著增加,主要原因是化石能源消费增多造成的大气污染物排放增加。有关数据显示,我国80%的PM2.5、70%以上的温室气体与化石燃料燃烧有关。

☆ 雾霾天气的主要危害是什么？

◎ 一是对呼吸系统的影响。霾的组成成分非常复杂，包括数百种大气化学颗粒物质。一般直径大于10微米的颗粒物会被鼻毛阻挡，不会对人体造成伤害。小于10微米的颗粒物（PM10和PM2.5）会进入呼吸道，尤其是对只有头发丝1/20左右的PM2.5无能为力。PM2.5作为一种载体，可以携带二氧化硫、重金属、有机物甚至病毒，直接进入并黏附在人体呼吸道和肺泡上。大量的颗粒物有堵塞作用，肺泡的换气功能丧失，吸附着有害气体的颗粒物还可以刺激甚至腐蚀肺泡壁，长期作用可以使呼吸道防御功能受到损害，发生支气管炎、肺气肿和支气管哮喘等。对于已经有呼吸系统疾病的患者，雾霾天气可使病情急性发作或加重。

◎ 二是对心血管系统的影响。雾霾天还是心脏杀手。部分PM2.5可经肺泡毛细血管直接进入血液循环分布到全身，会损害血红蛋白输送氧气的能力，其中的有害气体、重金属等溶解在血液中，对人体健康的伤害更大，会引发心肌梗死、心肌缺血或损伤。在欧盟国家中，PM2.5导致人们的平均寿命减少8.6个月。著名的环境专家泰勒教授指出，发展中国家空气污染造成每年近200万妇女和儿童过早死亡。

◎ 三是雾霾天气还可导致近地层紫外线的减弱，使空气中传染性病菌的活性增强，传染病增多。

◎ 四是由于雾天日照减少，儿童紫外线照射不足，体内维生素D生成不足，对钙的吸收大大减少，严重的会引起婴儿佝偻病、儿童生长减慢。

◎ 五是影响心理健康。阴沉的雾霾天气由于光线较弱及导致的低气压，容易让人产生精神懒散、情绪低落及悲观情绪，遇到不顺心的事情甚至容易失控。

◎ 六是影响交通安全。出现雾霾天气时，视野能见度低，空气质量差，容易引起交通阻塞，发生交通事故。

☆ 如何防治雾霾？

加强立法和执法。英国在19世纪60年代出台了清洁空气法，规定冬季集中供暖，推广使用电力和天然气，并首次划定烟尘控制区，该区域内城镇禁止直接烧煤，伦敦还关停或迁出了大型的火电厂。持续不断的努力，最终让伦敦摘掉了"雾都"的称号。中国要尽快修订并颁布实施大气污染防治法，逐步将PM2.5排放总量纳入国家约束性指标，摸清PM2.5排放数量来源及构成，组织开展研究，制定科学减排路线图，出台PM2.5监测统计和考核办法。治理雾霾的重点还应放在执法层面，设立公众对企业政府的监督，健全政府、企业、公众共同参与新机制，实行区域联防联控，深入实施大气污染防治行动计划。

转变产业发展模式和能源消费结构。污染物排放最大的源头是燃烧排放,燃烧排放最大的来源是燃煤,必须要减少京津冀等地区煤炭的使用量。具体措施包括:节能提高能源利用效率,主要是减少化石燃料的燃烧;发展可再生能源,它是零碳的能源,是清洁能源;增加森林碳汇,植树造林,这也有助于降尘。既要发展经济,还要减少污染排放,要靠技术创新。只有通过绿色低碳循环发展的技术,才能真正解决治理雾霾面临的挑战。

大气中的 PM2.5 含量与汽车尾气息息相关。对特大城市实施汽车总量控制,制定汽车尾气排放限值标准等,对车辆能源进行改革,降低汽油中的硫含量,加快落实国务院常务会议关于加快油品质量升级的决定,是解决汽车尾气污染、缓解雾霾天气行之有效的途径。个人也要做到少开车或不开车,做到绿色出行。

 **思考**

（1）市面上常见的PM2.5口罩是否有效?

（2）学校课间大活动时间是放在上午还是下午?为什么?

（3）探究室内吸烟对PM2.5数值的影响。

（4）探究不同空气净化器吸附PM2.5的效果。

（5）家庭厨房使用不同烹饪方式产生PM2.5的比较研究。

# 3. 环境与公共卫生

## ◆ 公共卫生与公共卫生安全

**【公共卫生】**

名词解释

　　耶鲁大学公共卫生学温斯络(Winslow)教授在1920年对公共卫生的经典定义是:"它是防治疾病、延长寿命、改善身体健康和功能的科学和实践。公共卫生通过有组织的社会努力,改善环境卫生、控制地区性的疾病、教育人们关于个人卫生的知识、组织医护力量对疾病做出早期诊断和预防治疗,并建立一套社会体制,保障社会中的每一个成员都能够享有能够维持身体健康的生活水准。"

美国城乡卫生行政人员委员会提出,公共卫生是通过评价、政策发展和保障措施来预防疾病、延长人的寿命和促进人的身心健康的一门科学和艺术。

## ◆ 公共卫生的功能

◎ 建立疾病信息系统,收集相关疾病的发病或流行情况,对居民健康需求、生活行为以及其他的健康危险因素进行监测,识别健康问题和确立优先领域,同时利用监测数据进行分析和预测,发挥信息的预警功能。

◎ 对疾病(如SARS等)暴发流行和突发公共卫生事件(食物中毒、生物恐怖和核污染等)开展调查处理。

◎ 建立、管理或实施疾病预防和健康促进项目,提高居民健康水准,促进公共卫生服务的质量和效率。

◎ 制定公共卫生法律或相关规章制度,明确政府和社会各方所承担的责任,为公共卫生服务的开展奠定基础。加强执法监督,确保公共卫生法律的实施。

◎ 作为组织者和协调者,动员社区参与到识别和解决社区的主要健康问题过程中,积极控制传染病、改善环境卫生、提供安全用水,最终提高健康期望寿命。

◎ 建立和维持各级政府间、部门间和卫生部门内部的合作,发展和维持一支接受过良好教育、具有多学科背景的专业队伍,对整个公共卫生发展和相关政策进行研究,加快社会各界、卫生部门和公共卫生体系内部对公共卫生的努力进程。

## ◆ 突发公共卫生事件

☆ 概念

**名词解释**

**【突发公共卫生事件】**
突发公共卫生事件是指突然发生,造成或者可能造成社会公众健康严重损害的重大传染病疫情、群体性不明原因疾病、重大食物和职业中毒以及其他严重影响公众健康的事件。

☆ 分类

根据事件的成因和性质,突发公共卫生事件可分为:重大传染病疫情、群体性不明原因疾病、重大食物中毒和职业中毒、新发传染性疾病、群体性预防接种反应和群体性药物反应,重大环境污染事故、核事故和放射事故,生物、化学、核辐射恐怖事件,自然灾害(如水灾、旱灾、地震、火灾、泥石流)导致的人员伤亡和疾病流行,以及其他影响公众健康的事件。

【公共卫生安全】

公共卫生安全是指通过采取预见性和反应性行动，最大程度地确保人群免受突发公共卫生事件的威胁。全球公共卫生安全的缺失将影响政治、经济的稳定发展，干扰贸易和旅游，损害物资和服务的可及性。如果威胁全球公共卫生安全的事件反复发生，还将影响人口稳定性。全球公共卫生安全包括一系列复杂的议题，大到国际事务，小到每个人的家庭生活，涉及人类行为、气候、传染病、自然灾害、人为破坏事件等因素导致的健康问题。

## 链接

### 世界卫生日

4月7日是世界卫生日。每年的这一天，世界各地的人们都要举行各种纪念活动，来强调健康对于劳动创造和幸福生活的重要性。

1946年7月22日，联合国经济及社会理事会在纽约举行了一次国际卫生大会，60多个国家的代表签署了《世界卫生组织宪章》，《世界卫生组织宪章》于1948年4月7日生效。为纪念组织宪章通过日，1948年6月，在日内瓦举行的联合国第一届世界卫生大会上正式成立世界卫生组织，并决定将每年的7月22日作为"世界卫生日"，倡议各国举行各种纪念活动。次年，第二届世界卫生大会考虑到每年7月份大部分国家的学校已放暑假，无法参加这一庆祝活动，便规定从1950年起将4月7日作为全球性的"世界卫生日"。

确定世界卫生日的宗旨是希望引起世界各国对卫生问题的重视，并动员世界各国人民普遍关心和改善当前的卫生状况，提高人类健康水平。世界卫生日期间，包括中国在内的世界卫生组织各会员国都举行庆祝活动，推广和普及有关健康知识，提高人民健康水平。2014年世界卫生日的主题是"病媒传播的疾病"。2015年世界卫生日的主题是"食品安全"。

## ◆ 重大公共卫生事件回放

进入20世纪以来，全球重大公共卫生事件暴发的时间间隔越来越短、频率越来越高（参见下表）。近20年间新传染病的出现与老传染病的死灰复燃（参见下图），慢性非传染性疾病的大量涌现，以及重大灾难事件，带来了不容忽视的公共卫生新问题，引发全球性的公共卫生危机，对公共卫生的需求提出新的挑战。尤其是2003年以来暴发的SARS和禽流感，以及2008年中国的"毒奶粉事件"，再次给世人敲响警钟。

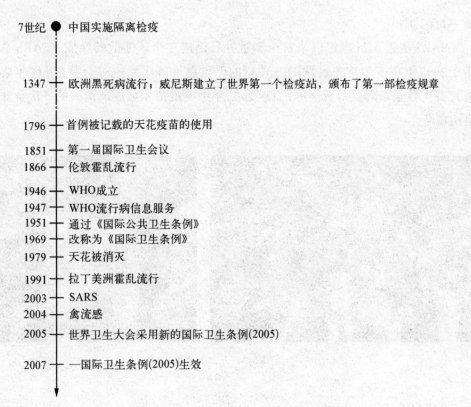

7世纪 ● 中国实施隔离检疫

1347 ┼ 欧洲黑死病流行；威尼斯建立了世界第一个检疫站，颁布了第一部检疫规章

1796 ─ 首例被记载的天花疫苗的使用

1851 ─ 第一届国际卫生会议
1866 ─ 伦敦霍乱流行

1946 ─ WHO成立
1947 ─ WHO流行病信息服务
1951 ─ 通过《国际公共卫生条例》
1969 ─ 改称为《国际卫生条例》
1979 ─ 天花被消灭

1991 ─ 拉丁美洲霍乱流行

2003 ─ SARS
2004 ─ 禽流感
2005 ─ 世界卫生大会采用新的国际卫生条例(2005)

2007 ┼ 国际卫生条例(2005)生效

重大公共卫生事件时间表。

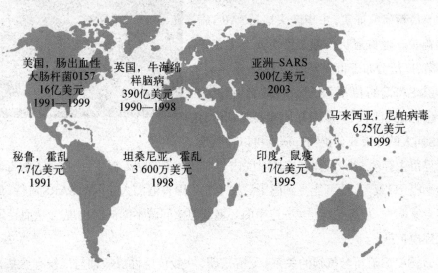

美国，肠出血性
大肠杆菌0157
16亿美元
1991—1999

英国，牛海绵
样脑病
390亿美元
1990—1998

亚洲-SARS
300亿美元
2003

马来西亚，尼帕病毒
6.25亿美元
1999

秘鲁，霍乱
7.7亿美元
1991

坦桑尼亚，霍乱
3 600万美元
1998

印度，鼠疫
17亿美元
1995

1990—2003 年期间，世界各地部分疾病暴发造成的直接经济影响。

## ◆ SARS事件

SARS是进入21世纪以来首个严重并且迅速在全球播散的疾病。SARS事件是指于2002年在广东首先发现的一种新的严重急性呼吸系统综合症（俗称非典型肺炎），并扩散至东南亚乃至全球，直至2003年中期疫情才被逐渐消灭的一次全球性传染病疫潮。

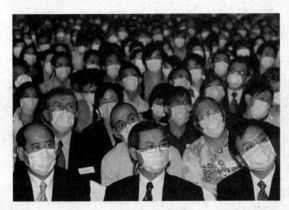

SARS迅速在全球传播。

### ☆ SARS流行原因分析

① 病毒来源：SARS是一种由SARS冠状病毒所导致的急性呼吸道传染病。其主要症状有发烧、干咳、头痛、肌肉痛以及呼吸道感染症状。最新研究证实，中华菊头蝠是SARS病毒的源头。经典冠状病毒感染主要发生在冬春季节，广泛分布于世界各地。

② SARS的传播：SARS的传播途径包括：近距离飞沫（三尺以内）；直接接触到患有SARS病人的体液或分泌物。病毒可以在对象

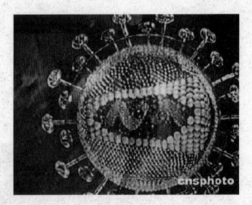

冠状病毒。

表面停留生存约3小时，如在这段时间内与带有病毒的病人握手，或接触有病毒的平面，再接触眼、口及鼻，便可能受到感染。发生在我国香港淘大花园的SARS流行，经WHO环境专家调查，很有可能是"一连串的环境及卫生问题不幸同时出现"，从而导致SARS的大规模扩散。

③ SARS流行与气候的关系：研究表明，一般传染性疾病都与气候有着某种关系。如登革热通常在冬季平均气温21摄氏度以上地区广泛传播，随着暖冬的持续，登革热的源区就会北移。在SARS的暴发、流行过程中，气候也是一个很重要的原因。SARS病

毒对温度的反应特别敏感,在天气比较冷的冬春季节存活的时间较长(流行期日均温为6~21摄氏度),而在夏季的高温天气中存活时间非常短。

## 绿色人物

### 非典战士钟南山

钟南山,中国工程院院士。1960年毕业于北京医学院,1992—2002年任广州医学院院长,现任广州呼吸疾病研究所所长。从2002年底开始,"钟南山"这个名字就与非典型肺炎联系在一起。作为广东省非典型肺炎医疗专家组组长,他参与会诊了第一批非典型肺炎病人,并将这种不明原因的肺炎命名为非典型肺炎。他主持起草了《广东省非典型肺炎病例临床诊断标准》,并提倡国内国际协作,共同攻克SARS难关。

作为一名中国工程院的院士,从接触第一例非典病例开始,钟南山就以一个战士的形象出现在民众和媒体面前。他为此获得全国五一劳动奖章。

## 声音

看来情况是越来越严重了,当务之急应该弄清这种病的症结所在,找到预防与治疗方法。

医院是战场,作为战士,我们不冲上去谁上去?

——钟南山

## ◆ 禽流感暴发

### ☆ 禽流感与人禽流感

禽流感是指由禽流感病毒引起的一种人、禽共患的急性传染病,引起从呼吸系统到全身败血症等多种症状。事实上,它并不是一种新病,1878年意大利首次报道了鸡群暴发一种严重的疾病,当时称为"鸡瘟"。1955年才证实这种鸡瘟病毒实际上是A型禽流感病毒,1981年在首次国际禽流感会议上正式命名为"禽流感"。现已证实禽流感病毒广泛分布于世界范围内的许多家禽。按病原体的类型,禽流感可分为高致病性、低致病性和非致病性3大类。高致病性禽流感因其传播快、危害大,被世界动物卫生组织列为A类动物疫病,我国将其列为一类动物疫病。

禽流感潜伏期从几小时到几天不等,其长短

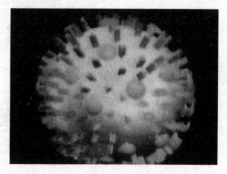
禽流感病毒。

与病毒的致病性、感染病毒的剂量、感染途径和被感染禽的品种有关。禽流感的发病率和死亡率差异很大,取决于禽类种别和毒株以及年龄、环境和并发感染等,通常情况为高发病率和低死亡率。

人禽流行性感冒,又称"人禽流感",是由禽甲型流感病毒某些亚型中的一些毒株引起的急性呼吸道传染病。人类感染后潜伏期一般为7天以内,症状主要表现为高热、咳嗽、流涕、肌痛等,多数伴有严重的肺炎,严重者心、肾等多种脏器衰竭导致死亡,病死率很高。此病可通过消化道、呼吸道、皮肤损伤和眼结膜等多种途径传播,人员和车辆往来是传播本病的重要因素。早在1981年,美国就有禽流感病毒H7N7感染人类引起结膜炎的报道。1997年,我国香港特别行政区发生H5N1型人禽流感,导致6人死亡,在世界范围内引起了广泛关注。尽管目前人禽流感只是呈地区性小规模流行,考虑到人类对禽流感病毒普遍缺乏免疫力以及人类感染H5N1型禽流感病毒后的高病死率等因素,WHO认为这种疾病可能是对人类存在潜在威胁最大的疾病之一。

 **数据库**

1983—1984年在美国宾夕法尼亚和弗吉尼亚禽流感爆发造成1 700万家禽死亡,损失近6 500万美元。

1994年5月墨西哥发现了低致病力H5N2的流行,1995年1月突然变成高致病力毒株,并在普埃布拉州和克雷塔罗州流行,迅速波及12个州。为控制疫情,墨西哥淘汰、封杀了约5 000万只鸡,直接经济损失达10亿美元。

2003年荷兰的禽流感是波及最广的暴发,是由高致病力毒株(H7N7)引起,此次疫情共有约900个农场内的1 400万只家禽被隔离,1 800多万只病鸡被宰杀。在疫情暴发期间,共有80人感染了禽流感病毒,其中1人死亡。随后,疫情在整个欧洲蔓延开来。

给养禽业造成巨大损失的禽流感。

2004年在亚洲多国发生的禽流感，导致近2亿只家禽被扑杀，给这些国家的养禽业造成了巨大经济损失。

2015年初，台湾暴发的禽流感疫情已达最严重等级，疫情蔓延速度、规模为近十年来最快、最大。截至2015年1月23日，210处养殖场近46万只家禽被捕杀。

☆ 主要传播途径

禽流感的传染源主要是感染了病毒的禽类。人类直接接触感染病毒的家禽及其粪便可能会受到感染。此外，通过飞沫及接触呼吸道分泌物也可传播。截至目前，科学上没有证据表明禽流感病毒可以在人类之间传播。

禽流感的传播有健康禽与病禽直接接触和健康禽与病毒污染物间接接触两种。禽流感病毒存在于病禽和感染禽的消化道、呼吸道和禽体脏器组织中。病毒可随眼、鼻、口腔分泌物及粪便排出体外，含病毒的分泌物、粪便、死禽尸体污染的任何物体，如饲料、

禽流感主要在禽类发生，在禽类之间传播

禽流感主要以接触病死禽及排泄物传染

不轻信，不传谣

我国具备控制禽流感的经验和能力，不必恐慌

经高温消毒加工处理的毛绒产品不会传播禽流感

禽流感的传播途径。

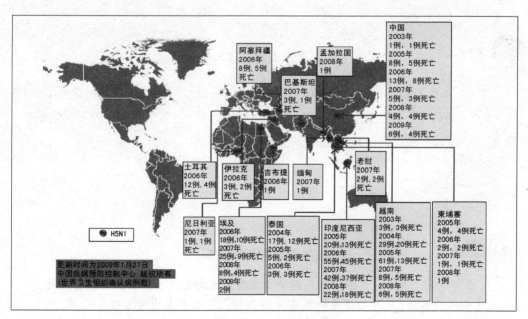

全球人感染禽流感病例地理分布图。

饮水、禽舍、空气、笼具、饲养管理用具、运输车辆、昆虫以及各种携带病毒的鸟类等均可机械性传播。健康禽可通过呼吸道和消化道感染,引起发病。

禽流感病毒可以通过空气传播,候鸟(如野鸭)的迁徙可将禽流感病毒从一个地方传播到另一个地方,通过污染的环境(如水源)等可造成禽群的感染和发病。带有禽流感病毒的禽群和禽产品的流通可以造成禽流感的传播。由于在禽流感病毒的传播上,野禽(主要为候鸟)带毒情况较为普遍,而且是主要的传染源,加之世界禽产品贸易频繁等因素,都会造成禽流感的暴发和流行。

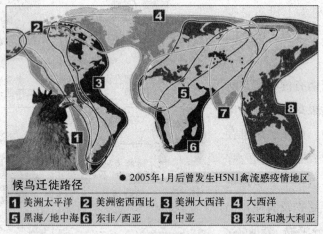

候鸟迁徙传播禽流感。

 **STS**          **生态农业调查**

　　要求:考察家乡附近的一个农场或村庄,发现或设计一个生态农场或生态农业的例子,并且进行可行性论证。提出它的不足之处或优点,然后做成有关的多媒体报告,发布你的观点并听取同学的质疑,最后完善设计。

**链接**          **如何避免感染禽流感**

　　◎不去疫区旅游:旅游者应当避免去暴发禽流感的地区。因为目前仍未找到禽流感的病毒源,也不知病毒的真正传播途径以及是否会由禽畜传给人类,或者再由人传给人。

◎ 不与活禽接触：如果必须要到禽流感流行的地区，须牢记禽畜粪便很可能是禽流感传播的途径之一，接触禽畜后切记要用洗手液及清水彻底洗净双手。人们特别是儿童应避免与活禽接触。

◎ 重视疾病预防：由于目前还没有有效疫苗，冬春季节又是呼吸道疾病高发期，健康的生活方式对预防疾病非常重要。

◎ 重视高温杀毒：在56摄氏度时加热30分钟，60摄氏度时加热10分钟，70摄氏度时加热数分钟，阳光直射40~48小时以及使用常用消毒药均可杀死禽流感病毒。此外，禽流感病毒对乙醚、氯仿、丙酮等有机溶剂，以及高温、紫外线均很敏感。

**为什么要将扑杀的家禽进行无害化处理**

据全国防治高致病性禽流感指挥部办公室负责人介绍，为保证消费者的身体健康和使疫病得到有效控制，必须对扑杀的家禽做焚烧后的无害化处理

因为被扑杀的家禽体内可能含有高致病性禽流感病毒，如果不将这些病原入市场，让病禽流入市场，势必造成高致病性禽流感病毒的传播扩散，同时可能危害消费者的健康

张越 编制 新华社2月4日发

禽流感能够得到控制和避免。

**思考**

（1）禽流感与流感的区别是什么？如何预防流感病毒？

（2）有研究认为，亚洲更易成为禽流感重灾区。请查阅资料，分析其原因，并试着给出防治的建议。

**STS**　　　　　　　　　**流　感**

有专家说，世界正面临大流感考验。你同意这种观点吗？为什么？

**声音**

王者以民为天，民以食为天，能如天之天者，斯可以。

——管仲

食品安全问题日趋严重，50年后广东的大多数人将丧失生育能力。

——钟南山

## ◆ "9.4台湾地沟油" 事件

台湾警方2014年9月4日通报，查获一起以"潲水油"（即地沟油）等回收废油混制食用油的案件。经查发现涉案嫌疑人郭烈成经营的地下油厂，用回收潲水油和皮脂油等混制食用油，强冠公司则以低于市价的价格购进并制成"全统香猪油"上市贩售。台湾食品药品监管单位查明，强冠公司2014年2月至8月间共出产劣质猪油782吨。

据有关媒体报道，众多知名企业（如味全、85度C、盛香珍、味王、美心集团、太阳堂、犁记、好帝一、忆霖等1 200多家企业）均卷入此次风波，波及甚广，台媒以"全岛沦陷"形容此次事件的恶劣影响。

### 链接

### 地沟油——城市下水道里悄悄流淌的垃圾

地沟油泛指在生活中存在的各类劣质油，如回收的食用油、反复使用的炸油等。地沟油的最大来源为城市大型饭店下水道的隔油池。有人对其进行加工后，摇身变成餐桌上的"食用油"。他们每天从下水道隔油池捞取大量暗淡浑浊、略呈红色的膏状物，仅仅经过一夜的过滤、加热、沉淀、分离，就能让这些散发着恶臭的垃圾变身为清亮的"食用油"，最终通过低价销售，重返人们的餐桌。这种被称作"地沟油"的三无产品，其主要成分仍然是甘油三酯，却比真正的食用油多了许多致病、致癌的毒性物质。容易引发消化不良、腹泻、腹痛，长期食用可能会引发癌症（如胃癌与肠癌），对人体的危害极大。

来源于地沟油的"食用油"。

"便宜"的地沟油。

地沟油也并非一无是处，合理循环利用，即可变废为宝。目前对地沟油合理利用的途径主要包括：用地沟油生产生物柴油、乙醇、沼气、钻井润滑油，以及制备选矿药剂。

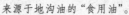

## 如何鉴别地沟油？

◎ 看：看透明度，纯净的植物油呈透明状，地沟油在生产过程中由于混入了碱脂、蜡质、杂质等物，透明度会下降；看色泽，纯净的油为无色，地沟油在生产过程中由于油料中的色素溶于油内，油才会带色、颜色发暗；看沉淀物，地沟油主要成分是杂质，因而比较混浊。

◎ 闻：每种油都有各自独特的气味。可以在手掌上滴一两滴油，双手合拢摩擦，发热时仔细闻其气味。有异味的油，说明质量有问题：有臭味的很可能就是地沟油，若有矿物油的气味就更不能买。

◎ 尝：用筷子取一滴油，仔细品尝其味道。口感带酸味的油是不合格产品，有焦苦味的油已发生酸败，有异味的油可能是地沟油。

◎ 听：取油层底部的油一两滴，涂在易燃的纸片上，点燃并听其响声。燃烧正常无响声的是合格产品；燃烧不正常且发出"吱吱"声音的，水分超标，是不合格产品；燃烧时发出"噼叭"爆炸声，表明油的含水量严重超标，而且有可能是掺假产品，绝对不能购买。

◎ 问：问商家的进货渠道，必要时索要进货发票或查看当地食品卫生监督部门抽样检测报告。另外，利用金属离子浓度与电导率之间的关系，通过检测油的电导率，即可判断油中金属离子量。多次实验表明，地沟油的电导率是一级食用油的5~7倍，由此可以准确识别出地沟油。

---

## 【食品安全与食品污染】

WHO对食品安全的定义是"食品中有毒、有害物质对人体健康影响的公共卫生问题"。食品安全的含义有3个层次，即数量安全、质量安全和食品可持续安全。食品安全要求食品对人体健康造成急性或慢性损害的所有危险都不存在，是一个绝对概念。

食品污染是指食品在生产（包括农作物种植和动物饲养、兽医治疗）、加工、包装和储运过程中非故意加入食品中的物质，包括环境污染和生产加工过程中产生的（如霉菌毒素）。其中由于化学有机污染物的慢性长期摄入造成的潜在食源性危害已成为人们关注的焦点，包括农药残留、兽药残留、霉菌毒素、食品加工过程中形成的某些致癌和致突变物（如亚硝胺等）以及工业污染物，如人们所熟知的二恶英等。

☆ 食品安全在全球受到广泛关注

食品安全可谓是当前全球消费者关注的焦点。一项名为《城市居民危机意识》的调查报告显示，北京市民最关注的是食品安全问题，而中国社会调查所对多个城市公众的电话调查也发现，2008年食品安全的热点度达到了86%。荷兰的一项研究也显示，仅有1/4的荷兰人从来不担心食品安全，大多数消费者均表示担心肉类中的激素和疯牛病等问题。

**链接**

## 食源性疾病

过去50年中，食物链已发生了相当大的和迅速的变化，变得非常复杂和具有国际性。尽管食物安全水平整体上已有了显著的提高，但是各国的进展不平衡，而且因微生物污染、化学物质和有毒物质造成的食源性疾病暴发在许多国家屡有发生。受污染食物在国家间的贸易增加了疫情传播的可能性。另外，新的食源性疾病的出现已引起了人们极大关注，例如发现了与牛海绵状脑病（BSE）相关的新变异型克雅氏病（nvCJD）。

食品安全之所以在世界范围内受到广泛关注，是因为食品安全对于所有国家和所有人都是一个利益攸关的问题。首先，食品安全危及消费者健康。其次，食品安全造成重大经济损失。如疯牛病导致英国的牛肉及其制品出口受阻，每年损失达52亿美元，因宰杀"疯牛"而导致的损失更是高达300亿美元；食源性疾病造成的医疗费用和误工损失令人触目惊心。食品安全还往往引发一系列的国际食品贸易争端。欧盟与美、加两国的"激素牛肉案"就是一个极其典型的事例。而且食品安全问题往往导致政治后果。前几年欧洲发生的一系列"食品安全的恶性事件"使得广大消费者对政府失去信心，认为政府没有能力保证食品安全；1999年，比利时内阁因"二恶英事件"而全体倒台；2001年，德国农业部部长和卫生部部长两位高官因境内发生疯牛病而相继辞职。

☆ 我国当前食品安全的主要问题及原因

（1）由食源性疾病引发的问题

由食源性污染产生的疾病，已成为目前危害中国公民健康的最重要因素之一。按照卫生部提供的统计数字，我国每年食物中毒报告例数约为2万~4万人，但专家估计这个数字尚不到实际发生数的1/10，也就是说我国每年食物中毒例数至少在20万~40万人。其严重性由此可见一斑。

（2）化学污染带来的食品安全问题

化学污染因素主要包括环境污染物、农（兽）药残留和生物毒素等。过量地施用化肥，会造成蔬菜中硝酸盐积累较多，而硝酸盐会进一步形成强致癌物质亚硝胺，对人体造成危害。农药滥用或残留超标同样会造成对人体的巨大危害。生物毒素污染主要包括细菌和霉菌毒素两个方面。细菌毒素可直接引起细菌性食物中毒，使人产生严重的呕吐和神经中毒症状。

（3）食品在生产加工过程中的问题

包括超量使用、滥用食品添加剂和非法添加物造成的食品安全问题；生产加工企业未能严格按照工艺要求操作，微生物杀灭不完全，导致食品残留病原微生物或在生产、储藏过程中发生微生物腐败而造成的食品安全问题；应用新原料、新技术、新工艺所带来的食品安全问题。

（4）食品流通环节的问题

仓储、储运、货柜达不到标准，致使许多出厂合格的产品，在流通环节变成不合格甚至成为腐败变质的食品。同时，由于管理不善，一些假冒伪劣产品堂而皇之地进入店堂出售。

（5）违法生产、经营带来的食品安全问题

无证无照非法生产经营食品问题依然严重。食品生产经营企业法律意识淡漠，重生产轻卫生、弄虚作假、出售过期变质食品等，给食品安全带来很大隐患。生产者素质较低、卫生意识淡薄、规范操作能力差等极易造成食品污染和食物中毒事故的发生。

（6）卫生执法部门存在的问题

食品卫生执法与管理部门职能交叉重复，效率低下。基础监督、检验队伍素质和技术水平有待提高，执法力度需要加大。

这油质量绝对好，卖了一年多，也没出人命！

"质量绝对好"的地沟油。

## 链接

### 蒙牛遭遇"OMP"门

2009年2月2日，国家质量监督检查检疫总局向内蒙古自治区质量技术监督局发出公函，要求该局责令蒙牛公司禁止向"特仑苏"牛奶添加OMP物质。此次是官方首次对蒙牛"OMP"进行表态。质检总局在这份公函中提出监管意见："鉴于目前我国未对OMP的安全性做出明确规定，IGF-1物质不是传统食品原料，也未列入食品添加剂使用标准，如人为添加上述物质，不符合现有法律、法规的规定。请你局责令蒙牛公司禁止添加上述物质，并通知蒙牛公司，如该企业认为OMP和IGF-1是安全的，请该企业按照法定程序直接向卫生部提供相关材料，申请卫生部门做出是否允许使用OMP及IGF-1的决定。"

【OMP与IGF-1】

名词解释

所谓OMP即造骨牛奶蛋白（Osteoblasts Milk Protein）的英文简称，它是一种天然活性蛋白质，在牛奶中有微量存在，它可以直接或间接地对骨细胞发生作用。最重要的特征是：它可以增加骨骼中造骨细胞的数量和活性，调节破骨细胞的数量和活性，使骨骼易于吸收更多的钙质，同时防止钙流失，起到吸收钙、留住钙的作用。而IGF-1（Insulin-like Growth Factors，类胰岛素样生长因子）是生长激素产生生理作用过程中必需的一种活性蛋白多肽物质。

## 声音

一般牛奶也含IGF-1,超高温消毒不能使其完全失活,不过含量很低,浓度约为4纳克每毫升。但据蒙牛专利,100克特仑苏奶中添加的IGF-1含量高达5.65~16.8毫克,为一般牛奶的数万倍。果真如此,就很值得消费者担忧了:患多种癌症的风险会增加。

——学者方舟子在博客中这样写道

## 思考

食品安全问题可能造成严重的社会影响,你觉得有何对策? 试作必要阐述。

---

名词解释

**【食品添加剂】**

食品添加剂是指在食品制造、加工、调整、处理、包装、运输、保管过程中,为达到技术目的而添加的物质。食品添加剂作为辅助成分,可直接或间接成为食品成分,但不能影响食品的特性,是不含污染物并不以改善食品营养为目的的物质。我国的《食品添加剂使用卫生标准》将其分为22类,分别为防腐剂、抗氧化剂、发色剂、漂白剂、酸味剂、凝固剂、疏松剂、增稠剂、消泡剂、甜味剂、着色剂、乳化剂、品质改良剂、抗结剂、增味剂、酶制剂、被膜剂、发泡剂、保鲜剂、香料、营养强化剂、其他添加剂。

---

链接

### 国家公布的非食用物质"黑名单"

非食用物质和食品添加剂完全是两个概念。17种非法添加的非食品类添加物加入到食品中,会对人体产生严重危害,给食品安全带来极大的风险。这17种非食用物质包括:吊白块、苏丹红、王金黄块黄、蛋白精三聚氰胺、硼酸与硼砂、硫氰酸钠、玫瑰红B、美术绿、碱性嫩黄、酸性橙、工业用甲醛、工业用火碱、一氧化碳、硫化钠、工业硫磺、工业染料、罂粟壳。

---

链接

### 从《屠场》到《食品安全法》

1905年,美国一部纪实小说《屠场》催生了第一部食品安全法的诞生。当年美国人读到这部揭露肉类加工厂肮脏内幕的小说时,他们恶心了。小说点燃了美国人的怒火,肉类食品全面滞销,畜牧业一片萧条。争论半年后,美国终于通过了《纯净食品和药品法》,规定制造和出售掺假食品和药物定为联邦刑事罪行,这部法规沿用至今。

美国纪实小说能改变食品困局,是因为100年前人类还处在"我饿"的时代,食品污染和安全问题远不如现在复杂。社会学家喜欢用"我饿"和"我怕"概括工业社会与现代社会的不同特征,那么,现代社会"我怕"什么? 即现代化自身带来的风险,尤其令人不安的是,风险制造者以风险牺牲品为代价来掩盖风险真相,保护自己的利益。

2009年2月28日,全国人大常委会通过《食品安全法》,新法调整现行的食品安全监管体制,加强部门配合,消弭监管空隙,目的在于防止类似"三鹿奶粉"事件的再次发生。这部制度性的法规可以对付当下的一些难题,但是能解决现代社会自身不断产生的食品风险吗? 新法要求成立由医学、农业、食品等专家组成的"风险评估专家委员会",建立食品安全风险评估制度,对食品安全风险进行评估。然而依据风险社会理论,现代化自身不断生产和再生产的社会风险,将导致专家系统失灵。可以说,至今社会学家们仍然找不到以理性的精神"治疗"现有的困境。

### 食品安全——转基因产品的生物安全性

科学家为了改变某些动植物产品的品质或为提高其产量,把一种生物基因转到另一种生物上去,这就是转基因。以转基因生物为原料加工生产的食品就是转基因食品。例如,在西红柿里接入某种细菌的基因,可以使西红柿花成熟的时候果体比较硬,便于储运和加工;给玉米接入抗虫害基因,可增强其抗虫害能力等。近几年来,全世界转基因作物种植发展迅速,1999年达到 4 000 万公顷,仅美国、加拿大、阿根廷3个国家就占其中的99%,此外,中国、埃及、南非、印度和巴西也有一定量的种植。转基因作物的主要品种包括:抵抗昆虫的玉米、抵抗杀虫剂的大豆、抵抗病虫害的棉花、富含胡萝卜素的水稻、耐寒抗旱的小麦、抵抗病毒的瓜类和控制成熟速度及硬度的西红柿等。人们对于转基因生物和转基因食品的忧虑,主要有两个方面:一是对人体健康是否有害;二是对生态环境是否构成潜在威胁。

**声音**

吃动物怕激素,吃植物怕毒素,喝饮料怕色素,能吃什么,心里没数。

——网友的感叹

**思考**

(1)你购买食品时是否关注有无食品添加剂? 如果有,你会买吗? 为什么?

(2)绿色食品应该具备哪些条件? 为何说绿色食品是21世纪的主导食品?

 STS

### 食品安全

（1）试设计一份"高中生对食品安全的认识"的调查问卷。

（2）组织一次"食品安全进社区"的宣传活动（或食品安全知识竞赛）。

（3）组织一次辩论赛"是否应该禁止使用食品添加剂"或"是否应叫停转基因食品"。

# 专题七  环境管理

🔊 **声音**

　　环境管理思想和理论来源于人类对环境问题的认识与长期的社会实践。

　　　　　　　　　　　　　　　　　　　　　　　　——叶文虎

　　1992年里约热内卢"联合国环境与发展大会"的召开,标志着可持续发展观念已经成为世人的共识。几十年来,环境管理思想变革的浪潮迭起,不仅促进了环境管理理论和政策的重大变革,而且围绕着改变发展模式和消费模式这两个核心,在全球引发了一场绿色文明的重大变革。

## 1. 环境管理概述

　　20世纪80年代中期,我国科学工作者第一次到达楼兰古城,发现了大量有关楼兰历史的物品和汉文木简等,其中有一文书引起了人们的注意:当时的官员为了禁止乱砍树木,规定了"连根砍树者,不管谁都罚马一匹";"在树木生长期间,应防止砍伐,如砍伐树木大枝,则罚母牛一头"。这大概是我国已经发现的最早的森林保护和环境管理的文献了。早在2 000多年前,楼兰古国的君臣就知道优化自然环境与民生切身利益的重要,并且用法律条规来保护树木与环境,真是了不起的创举。承古启后,鉴往知来。那么,什么是环境管理? 它又具有哪些职能呢?

### ◆ 环境管理的概念

　　狭义上讲,环境管理是指对人类损害环境质量的行为进行控制活动,即环境管理以控制污染为中心,采取经济、法律、技术、行政、教育手段控制环境污染,改善环境质量。

广义上讲,环境管理是对损害环境质量的人的活动施加影响,以协调发展与环境的关系,达到既要发展经济满足人类的基本需要,又不超过行星(地球)生物容许极限的目的。

通常所讲的环境管理是指一个国家环境管理部门依据国家颁布的政策、法规、标准,对一切影响环境质量的行为进行的规划、协调和监督、监察活动。我国环境管理的八项制度是目标责任制、城市环境综合整治定量考核、污染集中控制、限期治理、排污许可证制度、环境影响评价、"三同时"制度、排污收费制度。

**链接**

### 守法的张家港人

张家港给人的印象,一是静,二是净。张家港的街道上,见不到一个烟蒂或一片垃圾。据说,张家港市发出禁令:不准上街吸烟。张家港无人违令。

张家港没有人会随手在街上丢垃圾,包括刚懂事的孩子。张家港市静得出奇。原来,市区没有喇叭,没有拖拉机。因为摩托车污染严重,所以市区禁止骑摩托车。原来市区有摩托车的人,都把车卖了。

张家港是座新兴的城市,许多地方在建房子,但建筑工地一无很大声响,二是全部封闭施工。

张家港人能做到令行禁止,一点不含糊,说禁止就是禁止,说不准就是不准。法律、法规是绳索,限制着人的行为,人们会因之感到不习惯、不自由。然而,现在的世界已经进入法制

令行就要禁止。

的时代。当人们遵守各种纪律和法规之后,就会获得一个安全、有序、清洁、美好的环境。这一理想环境会陶冶人,促使人们自觉地去爱护和维护它。这便是张家港人常说的"环境育人"。

到达了环境育人这一步,标志着人与环境的关系已经进入了良性循环。

◆ **环境管理的基本职能及管理措施**

☆ **环境管理的目的**

环境管理是社会发展过程中必要的措施,其目的是协调社会经济发展与保持环境的关系,使人类具有一个良好的生活、劳动环境,从而使经济得到长期、稳定的增长。具

体表现为:

◎ 合理开发利用自然资源,保持生态平衡,促进国民经济长期、稳定的发展。

◎ 建设一个清洁、优美、安静、生态健全的人类生活环境,保护人民的身心健康。

◎ 研究制订有关环境保护的方针、政策和法规,正确处理经济发展与环境保护的关系。

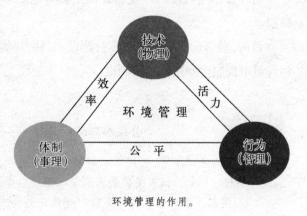

环境管理的作用。

◎ 开展环境科学研究,培养科学技术人才,加强宣传教育,不断提高全民的环保意识。

☆ 环境管理的基本职能

我国环境管理部门(环境保护机构)有3种类型:一种是区域性、综合性的;一种是部门性、行业性的;还有一种是资源管理类型(如林业、水系)的。环境管理的职能可以归结为一句话,就是"把各地区、各部门和各行业都组织推动起来,做好各自管辖范围内的环保工作。"它主要有3条:

(1)编制环保规划

制定环境保护规划(或计划),包括国家、各省及地区的,还有各部门防治污染和防止环境破坏的环境规划。环境规划是组织环保工作的依据和准则,是一个起指导作用的因素。因此,应十分重视这项工作,把这项工作切实纳到国民经济的宏观计划中去。

(2)环保工作的协调

协调职能内容十分广泛:如协调环境科学研究和环境教育事业,协调环境保护的国际合作和交流等。协调的作用,在于减少相互脱节和相互矛盾,避免重复,建立一种上下左右、条条块块的正常关系,从而沟通联系,分工合作,统一步调,朝着环境保护目标共同努力。

(3)环境监督

监督管理是环境管理部门独立执行的重要职能,国家关于保护环境的方针、政策和法规法令,是执行监督管理搞好环境保护的纲领和依据。环境监督的基本任务是通过监督来维护和改善环境质量。

环境监督的内容具体包括:

◎ 监督环境政策、法律、规定和标准的实施;

◎ 监督环保规划、计划的实行;

◎ 监督各有关部门所担负的环保工作的执行情况。

由环保部门行使的环境监督权主要有建设项目环境管理,以及区域与单位排污监察权。

目前,监督的重点是认真实行建设项目的环境影响报告书制度、"三同时"制度、排污许可申报制度和排污收费制度。

## 公民参与环保监督——保护环境权

我国的法律规定,公民享有环境权。公民有权利采用不同的手段措施保护自己的环境权。比如协同有关职能部门参与环境监督,一般可采取下列途径:

◎ 提起民事诉讼。公民可以依据民法的相连关系,对侵害环境生存权的行为提起诉讼(称之为环境保护相邻权),请求排除妨碍、停止侵害,并要求侵害方承担相应的民事赔偿责任。

◎ 检举犯罪行为。我国刑法规定了有关环境资源犯罪方面的内容,公民在发现环境犯罪行为时,应当向公安、检察和环境保护机关控告检举,并积极配合有关部门调查取证,提供破案线索,帮助控制、减少和消除危害的后果,紧急情况下可根据刑法规定的正当防卫权或紧急避险权采取相应措施。

◎ 要求行政部门解决。公民可以对任何破坏环境资源和其他侵害环境权的行为向具有环境保护职能的国家行政主管部门(如环境保护、农林、土地、海关、公安、渔政、航道、路政等)举报。公民对有关行政主管部门不履行职责的行为也可以提起行政诉讼,起诉行政主管部门行政不作为,同时对因环境侵害造成的直接损失,可要求其承担连带责任,并提出国家赔偿的请求。同时,公民也可以采取其他一些方式来促进有关部门加强管理和执法,例如社会舆论监督,将违法行为向媒体曝光等。

 思考

查阅有关资料,解释何为"公民环境权"?

## STS　　　　　　　　环　境　管　理

环境管理既是一门学科,又是一个工作领域。作为一门学科,环境管理学主要研究哪些内容?请组织到当地的环境管理部门参观或访问国家环境部网站,了解环境管理部门的工作内容。

## STS　　　　　　　　　　　环 境 规 划

请政府主管部门的专家来校进行一次有关本地环境的规划讲座，了解环境规划的目标、环境问题的解决措施，以及本地典型的环境问题可能的发展趋势。对当地的环境规划进行讨论，并就规划提出新的建设性建议。

## 话题争鸣

政府总是希望通过环境规划协调本地区经济发展与环境保护的关系，但在现实层面上，规划确有"纸上画画，墙上挂挂"的嫌疑。结合环境规划讲座，讨论环境规划的这种窘境究竟是何种原因造成的。

☆ 环境管理的措施

只有对环境问题进行科学的分析，才能对环境实施科学的管理。

环境管理的主要措施概括起来大致如下：设置环境管理机构；采用最新技术进行综合治理；建立和健全现代化和信息系统化的环境管理；制定环境保护法；制定环境政策等。

（1）设置环境管理机构

建立环境管理机构是实行环境管理的组织保证。这个机构要有提供政策、业务管理、监督检查的职能，还要有参与制定国民经济及建设规划的职能；有参与资源开发利用综合管理的职权；有掌握管理所需的人、财、物的职权。

环境问题空间分布的定量模型 → 环境自净能力分析 → 环境容量分析 → 环境问题控制技术分析 ↔ 环境经济损益分析 → 环境灾害预案制度与危机管理 → 环境政策法规 → 环境管理体系标准

环境问题分析与管理的理论框架。

（2）采用最新技术进行综合治理

环境保护产业是一项朝阳产业，目前在我国已初具规模，但总体技术水平和质量不高。进入新世纪，为搞好环境的综合治理，政府将努力做好以下工作：

① 大力推行清洁生产和清洁能源，综合开发利用资源。

**杜邦公司积极推行清洁生产**

杜邦公司是世界著名的化工跨国公司,该公司1980年就开始执行一项要将废物产生量减少到在技术、经济上可行的最低限度的政策。通过20世纪80年代减少废物的努力实施,他们体会到废物减少的原则必须制度化,使之成为公司任何计划行动中的首要原则。一旦废物减少的目标在整个组织中,特别是在经营和生产管理人员中牢牢扎根,就会取得更大的进展和成效。他们认为化学工业产生的废物可以通过以下4种途径减少到最低程度:① 改革工艺,减少废物产生量;② 循环利用,最好回用到产生废物的生产工艺之中;③ 将废物转化成有用的、有价值的副产物;④ 改变废物的性质,降低其毒性及需最终处理废物的体积。

**思考**

企业内部如何通过有效的环境管理推行清洁生产,使企业顺应环保要求?

环境管理的信息化建设。

② 加强环境的综合治理与保护。坚持"开发利用与保护环境并重"和"谁开发谁保护,谁破坏谁治理,谁利用谁补偿"的方针,建立生态破坏限期治理制度,制定生态恢复治理检验或验收标准,促使开发者对开发活动造成的生态环境破坏进行恢复治理。

③ 进一步加强环境保护领域的国际合作,防止环境因素成为我国对外贸易的不利因素。

④ 建立和健全现代化与信息系统化的环境管理。统筹规划,合理布局,建立面向未来的环境信息系统。要在国内形成中央地方一体、功能覆盖全国的环境信息网络,并考虑与国际接轨的可能。

⑤ 制定环保法和环境政策。中国高度重视环境法制建设,目前已经形成了以《中华人民共和国宪法》为基础,以《中华人民共和国环境保护法》为主体的环境法律体系。2002年10月28日,九届全国人大常委会第三十次会议通过的《环境影响评价法》,规定各项经济发展规划要进行环评,这意味着我国的环评制度已由建设项目环评向战略性环评发展。

⑥ 加强环境监测和环境评价。

环境监测的任务如下:

◎ 对环境中各要素进行经常性监测,掌握和评价环境质量状况及其变化趋势;

◎ 对各有关单位排放污染物的情况进行监视性监测;

◎ 为政府部门制定各项环境法规、标准,全面开展环境管理工作,提供准确、可靠的监测数据和资料;

◎ 开展环境测试技术方面的研究,促进环境监测技术的发展。环境监测工作为我国的环境管理和环境决策提供了科学依据。

环境评价是环境保护工作的一个重要组成部分。环境影响评价,是指在环境的开发利用之前对该开发或建设项目选址、设计、施工和建成后将对周围环境产生的影响、拟采取的防范措施和最终不可避免的影响所进行的调查、预测和估计。加强环境影响评估制度实施力度,科学决策应充分考虑环保因素并实行环保一票否决制。

 **STS**

## 大 气 监 测

以学校为基地,分别在公园、公路立交桥、公共汽车站、校园和附近居民区等地进行大气监测,并制作成调查表,进行数据分析。将参与活动的感受、体会,写出书面材料交流、宣传。

## ◆ 环境管理的基本特征

☆ 综合性

◎ 内容的综合性。环境管理涉及人类环境质量,它是自然、社会、政治和技术等错综复杂因素交织在一起的系统,具有高度的综合性。

◎ 管理方法的综合性。必须综合利用技术、经济、行政、法律、宣传、教育等手段对人类损害环境质量的活动施加影响,才能解决环境问题。

◎ 学科的综合性。环境管理需要运用多学科的知识,并加以渗透综合。

☆ 地域性

各国各地的自然背景、人类活动方式、经济发展水平差异甚大,环境问题存在明显的地域性。

☆ 广泛性

环境管理的对象是"人类—环境"系统,以人为中心。环境是人类的生存基础,人类活动又对环境有干扰和破坏作用。

☆ 自适应性

自适应性就是环境管理要充分利用自然环境适应外界变化的能力,包括再生能力、

自净能力、生物相互制约能力等,达到保护和改善环境质量的目的。

### ◆ 环境管理的分类

环境管理的根本目标是协调发展与环境的关系,涉及人口、经济、社会、资源和环境等重要问题,关系到国民经济的各个方面,因此其管理内容广泛而复杂。

随着工业化和人口增长,人类对自然资源的巨大需求和大规模的开采消耗,已经导致一部分资源的退化和枯竭。如何以最低的环境成本确保自然资源的可持续利用,是现代环境管理的基本内容。

**STS** 　　　　　　　　　**资源的利用**

由"资源—产品—污染排放"所构成的物质单行道流动,对资源的利用常常是粗放的、一次性的。由"资源—产品—再生资源"所构成的物质循环流动过程,基本上不产生或只产生很少的废弃物。设想一下,能不能对我们日常使用的资源利用方式做些改进,达到节约资源、充分利用资源的目的。

主题1:学校废物核算活动

目标:收集学校在24小时内的废物,分析其内容,使学校内所有师生对学校的废物生产状况有较深的理解,然后定下短期和长期目标,以减少学校的废物。学生也可以对学校垃圾的分类和合理利用提出建议和意见,最好有实物(如垃圾分类收集器等)。

主题2:学校用水与节水

目标:调查学校1个月的用水状况,分析用水组成和用水管理中存在的问题,尝试设计一份学校节约用水的方案,并试点验证和完善设计方案。

**STS**

清洁生产可以概括为对产品及其生产过程持续实施综合污染预防策略,以增加生态效益、减少环境污染。下表是厨房污染产生原因的分析,根据污染产生原因,运用你的知识填写下表的清洁生产方案。

**制订厨房清洁生产方案**

| | 污染产生原因 | 清洁生产方案 |
|---|---|---|
| 食品人工分类 | 含有残渣 | |
| 食品洗涤 | 含有杂质<br>用水过量 | |
| 食品制作 | 洗锅废水<br>油烟排放<br>燃烧废气排放 | |

## ◆ 中国环境管理思想

中国环境管理思想的产生，经历了从20世纪70年代到80年代中期的15年时间。在这一时期，环境保护被确定为我国的基本国策，提出了经济建设、城乡建设和环境建设同步规划、同步实施和同步发展，实现经济效益、社会效益和环境效益相统一的"三同步"和"三统一"的环境保护战略方针，制定了"预防为主，防治结合"、"谁污染谁治理"和"强化环境管理"的三项基本环境管理政策。

**链接**

### 中国环境管理的发展

中国环境管理的发展经历了两个阶段。在第一阶段（20世纪80年代后期至90年代中期），环境管理的发展主要表现在"三个转变"上，一是由末端管理向全过程管理的转变；二是由浓度控制向浓度控制与总量控制相结合的转变；三是由以行政管理为主，向法制化、制度化、程序化管理的转变。第二阶段是在1996年第四次全国环境保护会议以后，中国环境管理的理论和实践进一步充实和完善，环境管理思想不断趋于成熟，主要表现在如下3个方面：一是由注重微观管理向注重宏观管理的转变；二是强调环境管理模式与经济体制的转变和增长方式的转变——"两个根本性转变"的紧密结合；三是树立了大环境管理的思想，从国家可持续发展的战略高度来认识环境保护的地位和作用。

**话题争鸣**

　　有些人认为发展经济与环境保护是有矛盾的,我国是一个发展中国家,首先应该发展经济,等有了经济实力,技术水平提高了,再来解决环境问题。按照他们的说法,我国只能走"先污染后治理"的道路。谈谈你对这个问题的看法。"先污染后治理"是不是一个规律? 经济与环境能不能协调发展?

# 2. 中国环境管理政策体系

　　环境保护基本国策是环境政策中的最高层次,"三同步"、"三统一"在环境政策体系中处于第二个层次,第三个层次即中国三大环境管理政策。

**中国三大环境管理政策**

　　◎ **"预防为主,防治结合"政策**:在科学预测的基础上,对可能产生的污染和破坏,预先采取防范措施。同时对过去和现在在经济发展中造成的环境污染和破坏,进行积极治理。

　　◎ **"谁污染谁治理"政策**:使污染者承担其治理责任和费用,防止污染者把治理污染的责任推卸给政府和社会。这一政策有利于促进企业积极治理污染,并加强管理和技术改造。

　　◎ **"强化环境管理政策"**:一方面中国是一个发展中国家,不可能拿出大量资金治理环境;另一方面,多年的实践证明,我国的许多管理问题确实是由于疏于管理和决策失误造成的。基于上述两点认识,我国确立了强化环境管理政策。坚决扭转以牺牲环境为代价,片面追求局部利益和短期利益的倾向,纠正"有钱铺摊子,没钱治污染"的行为。

**STS**　　　　　　　　　　　　　　　**预防为主,防治结合**

　　"预防为主,防治结合"的政策,是针对社会问题的特点和国内外环境管理的经验教训提出的。试从环境污染治理技术和经济的角度,论述"防患于未然"对于环境保护的特殊意义。

## ◆ 贯彻 "预防为主" 的环境管理政策

☆ 环境影响评价制度

环境影响评价制度是指对重大工程建设、区域开发或者其他可能对环境造成影响的人类活动事先做出预测和评估,论证工程建设项目能否立项建设,并最大限度地防止和减少项目对环境的负面影响。环境影响评价制度能够有效地防止不利于环境的事件发生,是实现预防为主的最有效手段之一。

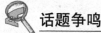

### 《环境影响评价法》——我国环保事业的历史性突破

《环境影响评价法》将环境评价的范围从建设项目扩大到政府规划,为环境保护参与政府综合决策和防止因重大决策失误而造成的环境破坏,提供了法律保障。我国经济发展的历史表明,政府及其有关部门制订的某些经济发展规划,相对于具体的建设项目来说,实施后对环境的影响更大,范围更广。若不从政府的经济发展规划和开发建设活动的源头预防环境问题的产生,我们将会陷于防不胜防、治不胜治的严峻局面,我国的现代化进程还将付出更大的环境和经济代价。

《环境影响评价法》对公众参与环境评价做了明确要求,并且对参与的方法、程序及参与意见的有效性,都做出了刚性规定。这充分体现了公正公开、科学民主的精神,对保障公民知情权、让公众参与决策,提供了法律依据。因此,《环境影响评价法》是我国环保事业的历史性突破。

### 话题争鸣

在实行环境影响评价制度过程中,也存在着一些问题需要解决。例如,在你的家乡建设一家造纸厂,可缓解就业压力,增加财政收入,但如果治污措施不力,将对当地水体环境造成污染。在这种情况下,环境影响评价应掌握到何种程度才是适度? 应怎样妥善解决?

☆ "三同时" 制度

"三同时" 制度是指建设项目中的环境保护设施必须与主体工程同时设计、同时施工、同时投产使用的制度。该制度是防止新的污染源产生,实现 "预防为主" 政策的有效措施之一。

## ◆ 贯彻 "谁污染谁治理" 的环境管理政策

☆ 征收排污费制度

实行排污收费制度是基于如下两点考虑:一是污染物排放到环境中,是对环境容

量资源的利用,必须征收一定的费用;二是排污收费,可使排污者尽量减少污染物排放量,有利于节约环境资源。

**STS**　　　　　　　　　　**征收排污费**

征收排污费是环境管理的经济手段。访问当地的环境管理部门或当地企业,了解采用环境管理经济手段的必要性和经济手段的执行过程、排污费的使用情况等。

☆ 污染限期治理制度

污染限期治理制度是对特定区域内的重点环境问题采取限定治理时间、治理内容和治理效果的强制性措施。限期治理项目主要针对社会公众反映强烈的污染问题,同时也要考虑限期治理的资金和技术的可能性。限期治理包括区域或流域的限期治理、行业的限期治理和点源的限期治理3个类型。

## ◆ 贯彻"强化环境管理"政策

☆ 环境目标责任制

环境保护目标责任制是依据国家法律规定,具体落实各级地方政府对本辖区环境质量负责的行政管理制度。该制度将环境保护作为各级地方政府和决策者的政绩考核内容,纳入各级政府的任期目标中。

☆ 城市环境综合整治定量考核制度

城市环境综合整治是把城市环境作为一个系统,对其进行综合规划、综合治理、综合控制,以实现城市的可持续发展。城市环境综合整治定量考核是以规划为依据,以改善和提高环境质量为目的,通过科学、定量考核指标体系,使环保工作切实纳入政府议事日程。

**STS**　　　　　　　　**城市环境综合整治的调查研究**

通过网络查询或向有关部门了解,你所在城市以及我国几个主要大城市环境综合整治的考核结果。

**国家环境保护模范城市**

为推进我国环境保护事业的发展,原国家环境保护总局于1997年决定在全国开展创建国家环境保护模范城市活动。成为国家环境保护模范城市的基本条件主要有:城市环境综合整治定量考核名列全国或全省前列;已通过国家卫生城市验收;环境保护投资占国民生产总值的比例大于1.5%;满足城市社会经济、城市环境质量、城市环境基础设施建设和城市环境管理等4个方面的27项考核指标。之后,根据实际需要,分别于1998年和2002年进行了相关调整。目前的中国国家环境保护模范城市考核指标,包括社会经济、环境质量、环境建设、环境管理4个方面。其主要标志是:社会文明昌盛,经济快速发展,生态良性循环,资源合理利用,环境质量良好,城市优美洁净,生活舒适便捷,居民健康长寿。

国家环境保护模范城市的称号不是终身荣誉,有效期为5年,每3年进行一次复查,并在此期间进行抽查,复查不合格的将撤销命名,抽查不合格的将限期整改。截至2012年,我国获得国家环境保护模范城市殊荣的有张家港、珠海、深圳、厦门、大连、威海、上海浦东新区等90多个城市和城区。

# 3. 中国环境法规体系

环境保护法是为保护和改善人民的生活环境和生态环境,防止污染和其他公害,保护人体健康,促进社会主义现代化建设的发展而制定的。我国环保法体系由宪法、国际环境保护公约、环境保护法规等法律、法规构成。

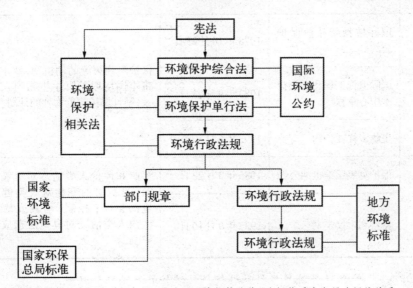

环境保护法律、法规体系框架图,反映了环境保护法律、法规体系中各层次间的关系。

◆ 宪法

　　宪法中第二十六条规定,"国家保护和改善生活环境、生态环境,防止污染和其他公害",第九条规定,"国家保障自然资源的合理利用,保护珍贵的动物和植物。禁止任何组织和个人用任何手段侵占或者破坏自然资源"等。宪法中的这些规定是环境法的依据和指导原则。

◆ 国际环境保护公约

　　国际环境保护公约是一个复杂的系统。例如,海洋保护的国际公约和协定就包括海洋油污民事责任类、防止海洋倾倒弃物类近20个。我国加入的国际环境保护公约具有法律效力,负有相同的国际义务,因而也被归入到我国环境法规体系中。

　　数据库

我国加入的部分国际环境保护公约

| | 环境保护国际公约 | 签署时间 | 主　要　内　容 |
|---|---|---|---|
| 气候变化 | 联合国气候变化框架公约 | 1992年6月1日 | 控制二氧化碳、甲烷和其他温室气体的排放;建立机构执行对发展中国家的经济援助和技术转让,帮助它们最大限度地减少温室气体排放。 |
| | 《联合国气候变化框架公约》京都议定书 | 1997年12月11日 | |
| 生物多样性保护 | 国际植物新品种保护公约 | 1978年10月23日 | 保护濒临灭绝的动植物,要求签字国将本国境内的野生生物列入财产目录,制订保护濒危物种的计划。 |
| | 国际遗传工程和生物技术中心章程 | 1983年9月23日 | |
| | 生物多样性公约 | 1992年6月5日 | |
| 臭氧层保护 | 保护臭氧层维也纳公约 | 1985年3月22日 | 了解和评价人类活动对臭氧层的影响、臭氧层的变化对人类健康和环境的影响;控制、削减或禁止其辖区内人类活动对臭氧层造成的不良影响。 |
| | 蒙特利尔议定书 | 1987年9月16日 | |

◆ 环境保护法规

　　环境保护基本法即《中华人民共和国环境保护法》,是我国环境保护的综合性法规,规定了国家的环境政策和环境保护的方针、原则和措施,是制定其他环境保护法规的依据。

 **话题争鸣**

　　某市化工厂因遭雷击跳闸,导致输送泵电源中断,造成大量氯气外溢,致使周围群众吸入氯气而中毒。原告王某等因吸入毒气而导致支气管哮喘。

　　一种观点认为,此案的发生完全是不可抗拒力造成的,因此化工厂不应当承担赔偿责任,或者按照公平责任的原则,由原被告双方共同承担所造成的损失;另一观点,根据《民法通则》规定,"没有过错,但法律规定应当承担民事责任的,应当承担民事责任"。其实,用今天的眼光看,化工厂还是难逃过失责任。因为,化工厂可能存在选址不当的问题。化工是高危行业,选址在居民区附近,在事件的发生上存在事实的过失。

　　这是一起环境侵权案。你认为以上两种观点哪一种观点更合理合法？如果你是法官,对该案会如何判决？

　　☆ 环境保护单行法律

　　环境保护单行法律基本上属于防止环境污染、保护自然资源的专门性法规。如《中华人民共和国大气污染防治法》等。

　　☆ 环境保护行政法规

　　国家最高行政机关即国务院指定的有关环境保护的法规。如国务院《征收排污费暂行办法》等。

　　☆ 地方性环境保护法规

　　各省、自治区、直辖市根据国家环境保护法规制定的地方性环境保护法规。如《内蒙古自治区草原管理条例》等。

☆ 环境保护标准

为了执行各种专门的环境法而制定的技术规范。如《饮用水质量标准》等。保障人体健康，人身、财产安全的标准和法律以及行政法规规定，强制执行的标准是强制性标准，用代号"GB"表示；其他标准为推荐性标准，用"GB/T"表示。

以上是我国环境保护法规体系的主要组成部分。此外，在我国其他法律（如刑法、民法和经济法）中涉及的有关环境保护条款，也属我国环保法体系的组成部分。

链接

**环境标准的分类**

◎ 环境质量标准：以保护人体健康、促进生态良性循环为目标而制定的，各类环境中的有害物质在一定时间和空间范围内的容许浓度或其他污染因素的容许水平。

◎ 污染物排放标准：为了实现环境质量标准目标，结合经济、技术条件和环境特点，对排入环境的污染物或有害因素规定的容许排放量。

◎ 环保基础标准：在环境保护的工作范围内，对有指导意义的符号、指南、规则等所做的规定。它在环境标准体系中处于指导地位，是制定其他环境标准的基础。

◎ 环保方法标准：在环境保护工作范围内，以抽样、分析、试验等方法为对象而制定的标准。例如锅炉烟尘测试方法等。

# 4. 全球环境问题的管理与国际行动

作为世界上经济发达的北欧诸国，环境保护起步早、成效显著，环保产业、污染防治技术等诸方面都处于领先地位。现在，北欧国家凭借雄厚的资金、技术实力，把环境保护列入对外经济援助合作的主要内容，表现出对外环保合作的良好意愿。多年来，在多方面的共同努力下，我国与瑞典、挪威、丹麦等国家在环境保护领域建立了良好的合作关系。比如，最近利用北欧投资银行资金兴建浙江新昌污水处理厂项目已经施工。事实上，随着环境问题和环境保护全球化趋势的加快，我国参与国际环保行动和合作的步伐必将进一步加大，对于合作双方而言，也将实现"双赢"的局面。在新的世纪，中国与国际的环保合作将有更大的发展。

◆ 世界环境问题的管理

☆ 环境问题的全球化趋势

当今世界，环境问题日益全球化。各国纷纷实施强制性减少环境污染的新法规，而发达国家的执法则日趋严格。

衡量是否为全球性环境问题的关键要看以下两个方面：一是环境破坏是否具有超越国界的影响；二是在解决环境破坏的过程中是否涉及跨国的因素，如国际管制和国际合作等。

全球性环境问题一般可分为以下4类：

◎ 跨国界环境问题。指源自一国的人类活动对另外一国的环境或两国的共享环境所造成的破坏。如通过空气的传输，可以将一地的二氧化硫传递到相邻国家，造成"酸雨"使土壤酸化，并导致森林毁坏。国际贸易和投资，也可以将污染从一国输出到另外一国。1991年，英国就向拉美和亚洲国家输出了2亿吨塑胶废弃物。还有一些特殊的环境要素（如候鸟），同时处于两国或多国的管辖之下，是共享的环境资源，一旦遭到破坏，也会引发跨国界环境问题。

◎ 国际公财环境问题。指人类活动对国际公财所造成的各种环境破坏。它是指不处于各国管辖权的范围之内，但对人类的生存发展具有不可替代的作用的环境资源。

◎ 全球性环境问题。包括臭氧层的破坏、地球暖化、生物多样性的减少、热带雨林的减少、人类文化和自然遗产的破坏等。

◎ 国际合作治理的国家内部环境问题。

许多纯粹的国内环境问题也成为国际合作的对象，从而进入国际领域。欧盟的环境政策涉及从饮用水水质到游泳场水质标准的统一。《21世纪议程》业已将诸如山地生态系统、水资源、荒漠化、土地利用、农业和农村发展等国内环境问题列为国际合作的领域。

链接

## "空中死神"——酸雨

在1982年6月的国际环境会议上，首次统一将pH值小于5.6的降水（包括雨、雪、霜、雾、雹等）正式定为酸雨。由于大气的运动，酸雨的危害是跨地区、跨国界的，其污染是世界性的。各国在接受本国酸性降落物的同时，也接受着邻国的酸性物质。据报道，通过对硫氧化物和氮氧化物进行监测确认，在挪威、瑞典等北欧国家的酸雨是通过盛行西风从英国、法国、德国、荷兰等国工业区的排放源传送过去的，其中瑞典南部大气中的硫，77%是从邻国传播而来的。同样加拿大南部的酸雨，其污染源也有相当一部分源于美国。

酸雨，正在成为世界的污染。

**思考**

为什么酸雨被认为是"空中死神"？

☆ 通过国际环境问题管理，寻找合理的问题解决机制

◎ 市场解决机制。市场通过它的价格机制可以提高资源的使用效率，减少不必要的浪费，在一定程度上为环境问题的解决提供一种国际途径。

◎ 一国解决机制。这是国家充分利用市场上稀缺的资源和权威，来调整一国内部的环境行为者的行为方式。通常采用财税手段、许可贸易手段、环境目标管制和微观支持4类不同的政策手段，为解决环境问题提供出路。

◎ 国际解决机制。它既包括国家之间直接的合作解决机制，也包括那些国家之间通过建立国际组织和订立国际条约、协定和规则等所形成的合作解决机制。

在多边的国际组织方面，区域性和全球性的环境保护机构陆续出现。在联合国的倡议下，联合国环境规划署在1973年1月1日成立，总部设在肯尼亚首都内罗毕。环境规划署的成立，有力地促进了全球环境保护事业的发展和环境保护的国际合作，并促成了一系列国际环境保护指导原则和国际环境保护公约与议定书的通过，为国际环境保护事业的发展作出了积极的贡献。

◆ **环境保护的国际行动**

**声音**

任何一个国家都不可能光靠自己的力量取得成功，而联合在一起，我们就可以成功。全球携手，求得持续发展。

——《21世纪议程》

☆ 国际环境保护合作

1972年6月，在瑞典斯德哥尔摩举行的联合国人类环境会议，通过了著名的《联合国人类环境会议宣言》。同年的第27届联合国大会将这次会议的开幕日——6月5日定为"世界环境日"。从此，每年6月5日成为世人宣传环境保护的特别日子。世界环境日每年都有一个明确的主题，如2003年的主题为"水——20亿人的生命所系"。这以后，国际合作成为解决环境问题的重要手段。国际环境保护合作倡导"共同信念，共同原则，国际协作"，30多年来，为协调全球环境保护作出了巨大的贡献。

### 国际3个重大环境科学计划

世界气候研究计划（WCRP）着重研究地球系统中有关气候的物理过程，涉及整个气候系统。其主要部分是大气、海洋、低温层（冰雪圈）和陆地以及这些组成部分之间的相互作用和反馈。它主要关心的是时间尺度为数周到数十年的气候变化。WCRP的研究有3个方向：为期数周的长期天气预报、全球大气年际变率以及为期数年的热带海洋的年际变率、长期变化。包括两大试验：热带海洋和全球大气试验，世界海洋环流试验，以作为第二和第三研究方向的中心。

国际地圈生物圈计划（IGBP）于1983年提出，1991年正式实施。其目标在于：描述和了解控制地球系统及其演化的相互作用的物理、化学和生物过程，以及人类活动在其中所起的作用。其中心目标是为定量地评估整个地球的生物地球化学循环和预测全球环境变化建立科学基础。其应用目标是增强人类对未来几十年至几百年尺度上重大全球变化的预测能力，为国家的资源管理、环境战略，即"环境与发展"问题的决策服务。

1988年5月28~29日在北京召开了CNC-IGBP成立大会，我国以"国际地圈生物圈计划中国全国委员会"名义加入国际IGBP。

国际全球环境变化人文因素计划（IHDP）于1996年成立，是一个跨学科、非政府的国际科学计划。IHDP侧重研究全球环境变化背景下，土地利用／土地覆盖变化、全球环境变化的制度因素、人类安全、可持续性生产、消费系统，以及食物和水的问题、全球碳循环等重大问题。

---

☆ 实施可持续发展战略

人们为寻求一种建立在环境和自然资源可承受基础上的长期发展模式，进行了不懈的探索，先后提出过"有机增长"、"全面发展"、"同步发展"和"协调发展"等各种构想。20世纪80年代后，一种新的环境理论——可持续发展理论提出并被认同。在1992年里

有利于可持续发展的太阳能房屋。（图片来源：德国环境部）

约热内卢世界环境与发展大会（UNCED）上，可持续发展作为全人类共同发展战略得到确认。大会通过的《21世纪议程》更是高度凝聚了当代人对可持续发展理论认识深化的结晶。

☆ 通过国际环境法，协调全球环境行动

国际环境法是调整国家之间在保护和改善环境的过程中发生的各种国际社会关系的有约束力的规范的总称。其渊源主要是国际环境保护条约和国际惯例，对各国合作保护全球环境起着"软法"的作用。国际环境法涉及的方面主要包括国际海洋环境保护和污染防治的公约和条约，保护臭氧层的公约和议定书，防止气候不利变化的公约，保护生物多样性公约等。

国际环境法中有许多为各国所接受的原则，其中自然资源的永久性主权原则、预防环境损害原则、共有资源共享共管原则、合作保护人类环境原则、不损害域外环境原则、共同但有差别的保护全球环境责任原则、和平解决国际争端原则等，被各国大多数学者认为是国际环境法的基本原则。

**链 接**

## 中国积极参与保护臭氧层的国际公约

虽然人们对"臭氧层空洞"成因的认识还不尽一致，但对由此而引起的保护臭氧层的重要性却取得了较为一致的看法。对此，国际社会多次召开会议采取对策。1985年，由20多个国家发起并签署了《关于保护臭氧层的维也纳公约》。1987年，50个国家签署了《关于消耗臭氧层物质的蒙特利尔议定书》。前者标志着保护臭氧层国际统一行动的开始，而后者则是对氯氟烃（即CFCs）等消耗臭氧层物质（Ozone Depletion Substances，简称ODS）的生产、使用实行逐步削减的控制措施。1995年，在《保护臭氧层维也纳公约》签署10周年之际，150多个国家代表参加的维也纳保护臭氧层国际会议规定，将发达国家停止使用氯氟烃的期限提前到2000年；发展中国家则在2016年冻结使用，2040年淘汰。

臭氧层对地球的危害示意图。

我国政府从1989年签订《关于保护臭氧层的维也纳公约》、1991年加入《关于消耗臭氧层物质的蒙特利尔议定书》开始，已通过10多个行业的淘汰ODS行动。我国ODS替代品产业也飞速发展，已经完全具备淘汰主要ODS的条件。我国已经从ODS的生产和使用大国，逼近主要ODS的生产和消费量为零的目标。按照《关于消耗臭氧层物质的蒙特利尔议定书》要求，我国应从2010年1月1

日开始完全停止氯氟烃和哈龙两大类主要ODS的生产和使用。为了表达中国保护臭氧层、维护全球利益的姿态和决心，中国政府已将淘汰氯氟烃和哈龙的日期提前到2007年7月1日。

为确保目标的实现，在国家环境保护总局和联合国开发计划署的推动下，我国一些省（市）决定提前一年时间在本省（市）加速淘汰氯氟烃和哈龙。2005年，在深圳举办的"9·16国际臭氧日"纪念活动期间，吉林省、山东省、海南省、深圳市、西安市等省市向全国发出了"保护臭氧层，加速淘汰消耗臭氧层物质"的倡议，开始了自愿采取有利于实现加速淘汰目标的行动。

**思考**

为了实现《议定书》规定的目标，你认为在国际协作方面还应该注意哪些问题？

## ◆ 制定环境标准，倡导清洁生产

### ☆ 推出ISO14000系列标准

为顺应越来越高的环保要求，国际质量标准化组织在ISO9000的基础上，制定并倡导实施ISO14000系列标准。该标准是针对所有组织的，强调环境管理一体化、污染预防与持续改进的标准。它包括了国际环境管理领域内的许多焦点问题，旨在指导各类组织采取"自我决策、自我控制、自我管理"方式，取得和表现正确的环境行为。最大限度地合理配置和节约资源，减少人类活动对环境的影响，维持和持续改善人类生存与发展的环境。ISO14000系列标准共分环境管理体系（EMS）、环境标志（EL）等7个系列。截至2009年，全球有近10万家企业获得了ISO14000系列标准的认证。

ISO14000系列标准是绿色环保和创造人类和谐环境的基础。

**思考**

有人说"ISO14000"是一张"绿色通行证"，你如何理解？

### ☆ 在全球推行清洁生产

清洁生产是一种新的创造性的思想，该思想将整体预防的环境战略持续应用于生产过程、产品和服务中，以增加生态效率和减少人类及环境的风险。主要包括：① 对

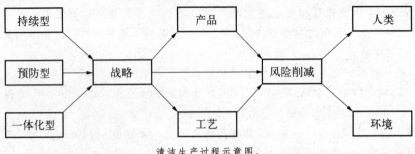

清洁生产过程示意图。

生产过程,要求节约原材料和能源,淘汰有毒原材料,减少、降低所有废弃物的数量和毒性。② 对产品,要求减少从原材料提炼到产品最终处置的全生命周期的不利影响。③ 对服务,要求将环境因素纳入设计和所提供的服务中。

清洁生产一经提出后,在世界范围内得到许多国家和组织的积极推进和实践,其最大的生命力在于可取得环境效益和经济效益的"双赢",它是实现经济与环境协调发展的唯一途径。

### 绿色壁垒

绿色壁垒又称环境壁垒或生态壁垒,是指为保护人类健康、保障生态安全和促进自然资源的合理利用而采取的,客观上对国际贸易产生某种限制或障碍作用的各种措施。这些措施主要表现为国际社会所制定的有关环境政策、环境标准、环境标志和一些发达国家国内制定的有关环境保护的法律、法规及各种环境标准。例如,有些国家的立法规定,所有进入其国内市场的外国产品,均不能对消费者的健康产生不良的影响。为了保证该目的的实现,它们在其国内的有关立法中明确规定,凡进入其国内市场的外国产品,其生产厂家必须获得环境管理体系标准,即 ISO14000 系列标准的认证和产品安全认证;产品中不得含有对人体或其他生物可能造成损害的有毒有害物质。

### 话题争鸣

有人认为,"绿色壁垒"是发达国家针对发展中国家的又一道贸易壁垒,谈谈你的理解。

### ◆ 中国环境问题管理的国际协作

中国在采取一系列措施解决本国环境问题的同时,积极务实地参与环境保护领域的国际合作,为保护全球环境这一人类共同事业进行了不懈的努力。

中国支持并积极参与联合国系统开展的环境事务。在环境署的组织下,中国将防治沙漠化、建设生态农业的经验和技术传授到许多国家。目前,我国已有28个单位和个人被联合国环境署授予"全球500佳"称号。中国与联合国亚洲及太平洋经济社会委员会等组织保持了密切的合作关系,对亚太地区的环境与发展作出了贡献。

中国积极发展环境保护领域的双边合作。20多年来,中国先后与美国、朝鲜、韩国、日本、蒙古、俄罗斯等国家签订了环境保护双边合作协定或谅解备忘录。在环境规划与管理、全球环境问题、污染控制与预防、气候变化等方面进行了交流与合作,取得了一批重要成果。

中国积极参与筹备并出席了联合国环境与发展大会,李鹏总理还代表中国政府率先签署了《气候变化框架公约》和《生物多样性公约》,对会议产生了积极的影响。

中国自1979年起先后签署了《濒危野生动植物种国际贸易公约》、《关于保护臭氧层的维也纳公约》、《生物多样性公约》、《防治荒漠化公约》、《关于特别是作为水禽栖息地的国际重要湿地公约》等一系列国际环境公约和议定书。

中国对已经签署、批准和加入的国际环境公约和协议,一贯严肃认真地履行自己所承担的责任。我国是世界上第一个完成国家级《21世纪议程》行动纲领的国家。

### 链接

### 《中国21世纪议程》

《中国21世纪议程》全称为《中国21世纪议程——中国21世纪人口、环境与发展白皮书》,是我国政府为贯彻联合国环境与发展大会精神,在中国实现可持续发展的行动纲领。

1992年联合国环境与发展大会通过的《21世纪议程》要求各国根据本国的实际情况,制定各自的可持续发展战略、计划和对策。1992年7月,国务院环境保护委员会决定编制《中国21世纪议程》。经过两年多的努力探索,于1994年7月在北京召开了《中国21世纪议程》高级国际圆桌会议,正式出台《中国21世纪议程》和第一批优先项目计划。

《中国21世纪议程》阐述了中国可持续发展的背景、必要性、战略思想与指导原则,提出到2000年各主要产业的发展目标、社会目标和法规政策体系;保障社会团体与公众参与可持续发展的经济、技术和税收政策;建立发展基金,争取国外资金支持;强调教育与能力建设,注意人力资源开发和科技的作用,提高全民的可持续发展意识等。

**思考**

我国是世界上第一个完成国家级《21世纪议程》行动纲领的国家,你认为其意义何在?

 **STS**　　　　　　　　　　　　**节　能**

调查学校或自家的能源消耗情况,发现问题并提出节约能源或提高能源利用率的设想或改进措施。要求有调查过程和有关材料,对于节能的设计最好有设计稿件或实物样品。

# 专题八　21世纪与生态文明

📖 **声音**

工业化国家的许多发展道路是不能持久的，许多紧迫的生存问题与不平衡的发展、贫穷和人口增长相关。它们都把前所未有的压力置于地球的土地、水体、森林和其他自然资源上。螺旋形下降的贫穷和环境恶化是机会和资源的浪费，尤其是人力资源的浪费。这些贫穷、不平等和环境退化之间的联系，构成了委员会的分析和建议的重要主题。

现在所需要的是一个经济增长的新世纪——一种强有力的，同时在社会和环境上具有可持续性的新世纪。人们在态度、社会准则和愿望上的变化将取决于大规模的教育、辩论和公众参加的运动。

——摘自《我们共同的未来》

## 1. 环境问题是一个文明问题

李白《襄阳歌》诗曰："清风朗月不用一钱买，玉山自倒非人推。"这是一个农业文明时代的浪漫想法。随着人类进入现代工业文明社会，这种浪漫已悄然逝去。20世纪60年代以来，人类开始寻求新的发展模式。

1972年6月的斯德哥尔摩会议是一个重要的里程碑，会议通过了著名的《联合国人类环境会议宣言》。同年的第27届联合国大会将这次会议的开幕日——6月5日定为"世界环境日"。人们开始考虑如何在经济发展的同时，实现社会和环境的协调发展，国际合作成为解决环境问题的重要手段。

### 联合国环境规划署(UNEP)

联合国环境规划署。

  1973年1月正式成立的联合国环境规划署(United Nations Environment Programme — UNEP)是联合国系统内负责全球环境事务的牵头部门和权威机构,总部设在内罗毕。

  该规划署的宗旨是促进环境领域内的国际合作,并提出政策建议;在联合国系统内提供指导和协调环境规划总政策,并审查规划的定期报告;审查世界环境状况,以确保正在出现的、具有国际广泛影响的环境问题得到各国政府的适当考虑;经常审查国家与国际环境政策和措施对发展中国家带来的影响和费用增加的问题;促进环境知识的取得和情报的交流。

  UNEP成立以后,其活动主要涉及的范围包括:(1)环境评估:具体工作部门包括全球环境监测系统、全球资料查询系统、国际潜在有毒化学品中心等。(2)环境管理:包括人类居住区的环境规划和人类健康与环境卫生、陆地生态系统、海洋、能源、自然灾害、环境与发展、环境法等。(3)支持性措施:包括环境教育、培训、环境情报的技术协助等。

  中国自1973年起成为其成员国,1976年向其总部派出常驻代表,并参加该署主办或与其他机构合办的有关活动。2003年9月19日,UNEP驻华代表处在北京正式揭牌成立,这是该机构在全球发展中国家设立的第一个国家级代表处。

  1980年,国际自然保护联盟、联合国环境署、全球野生动物基金会3个国际组织共同发表了《保护地球——可持续发展》,试图建立一种"保护全球战略"的可持续发展。这就是可持续发展概念的最早提出。

  1987年,联合国环境与发展委员会发表了重要的研究报告《我们共同的未来》,首次科学地定义了"可持续发展"的概念:"可持续发展是既满足当代人的需要,又不对后代满足其需要的能力构成危害的发展。"之后,它成为一个全世界人民都乐于接受的、使用频率极高的概念。可持续发展的内涵主要包括以下内容:可持续,发展,公平和环境。可持续发展是全球关于环境与发展领域合作的绿色共识,也为人类文明提出了新的要求。

### 绿色经典

### 《我们共同的未来》

  本书是联合国环境与发展委员会提交给联合国的一篇调查报告,由3个部分组成:共同的关切、共同的挑战、共同的努力。

该报告指出，工业化国家的许多发展道路是不能持久的，许多紧迫的生存问题与不平衡的发展、贫穷和人口增长相关。它们都把前所未有的压力置于地球的土地、水体、森林和其他自然资源上。螺旋形下降的贫穷和环境恶化是机会和资源的浪费，尤其是人力资源的浪费。这些贫穷、不平等和环境退化之间的联系，构成了委员会的分析和建议的重要主题。

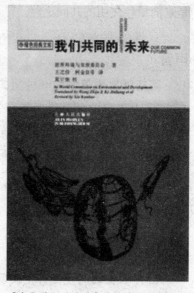

报告还指出：现在所需要的是一个经济增长的新世纪——一种强有力的，同时在社会和环境上具有可持续性的新世纪。报告所提倡的在态度、社会准则和愿望上的变化，将取决于大规模的教育、辩论和公众参加的运动。

《我们共同的未来》被誉为绿色经典。

委员会向公民团体、非政府组织、教育机构和科学界发出呼吁：进一步发展共同的认识和共同的责任感，为了全人类的利益做出共同的努力，并采纳新的行为准则，把世界推向可持续发展的道路。

世界环境与发展委员会成立于1983年，是联合国为写作本调查报告而成立的一个组织，由挪威首相布伦特兰夫人领导。这个组织的主要任务是重申地球上环境与发展的严峻问题，并构思解决它们的现实方案，以确保人类的进步是可持续发展，而不致在人类尚没有新的出路之前出现资源枯竭。1987年该组织随调查报告写作任务的完成而宣布解散。

这个委员会的成员有广泛的背景，有外交部长，财政和规划官员，农业、科学和技术的决策人，确保观点更带全球性、更为现实和更具有向前看的精神。不同的观点在超越文化、宗教和区域的不同而在对话的愿望之下形成了一致的报告。即使在今天重读此报告，其对贫穷、增长、生存、可持续发展等问题做出的调查及提出的对策仍然有重要的参考价值。

1992年6月，联合国环境与发展大会在巴西举行，183个国家的代表和102位国家元首出席了会议。会议通过和签署了《里约热内卢环境与发展宣言》、《21世纪议程》等一系列重要文件，对人类社会的未来做出了庄严承诺，展示了当今全球对可持续发展最新的思想成果。会议明确提出了实施可持续发展战略的具体行动方案，从而最终确立了绿色文明是灰色文明的"终结者"，确认了绿色文明是人类社会的共同未来，标志着一个崭新文明时代的到来。同时指出坚持可持续发展，也就是人与自然的和谐发展

是走向绿色文明的共同道路。

### 声音

　　可持续发展被作为一种新的发展理念提出,是人们的意识开始从工业文明转向生态文明,从灰色文明演进为绿色文明的第一步。人类找到了摆脱危机,使人与自然、人与社会平衡协调发展的出路。但走向新的文明,首先需要调整人与自然的价值关系,自然界的价值不能仅仅理解为消费性价值,还应注重生态价值的存在,要看到其基本价值取向是全人类发展的长远利益。可持续发展的价值取向的实现,将是人类文明发展史上一次新的飞跃。

——《21世纪议程》

　　沿着历史的时空走来,我们清晰地发现:人类社会文明的快车已经驶过了褐色文明、蓝色文明和灰色文明,现正在进入绿色文明的初始运行区间。它将改变人类对自身、对自然以及对人与自然关系的认识。基于这种新的认识,必然导致一种新的价值观念、道德观念、文化观念、行为观念和意识形态的产生,从而形成人与自然的和谐依存。

### 链接

**人类文明发展与环境的关系**

| 文明发展类型 | 采猎文明 | 农业文明 | 工业文明 | 后工业文明 |
|---|---|---|---|---|
| 时段 | 公元前200万年至公元前1万年 | 公元前1万年至公元18世纪 | 公元18世纪至今天 | 今天 |
| 对自然的态度 | 依赖自然 | 改造自然 | 征服自然 | 善待自然 |
| 环境问题表现 | | 森林砍伐、地力下降、水土流失等 | 从地区性公害到全球性灾难 | 全球性灾难待解决 |
| 人类对策 | 听天由命 | 牧童经济 | 环境保护 | 可持续发展 |

STS　　　　　　　　**模拟捕鱼游戏**

　　人们有权利通过捕鱼追求更富足的生活。但当代人在发展的时候,是不是也应该考虑到子孙后代的发展呢? 下面让我们通过一个模拟的捕鱼游戏来探讨此问题。

1. 活动方法

在两个玻璃缸里各放入20粒棋子,表示湖中养的鱼。两人从缸中取出若干粒棋子,表示一次捕鱼活动。

2. 活动规则

(1)每次取出棋子的数量不限。

(2)在每次"捕鱼"之后,向缸里补充一定数量的"鱼",缸子里还剩多少"鱼",就补充多少,但每次补充后的鱼的总数不得超过20"条"。

(3)每人各捕鱼10次,计算每人10次捕鱼的总数加上自己一方缸里所剩的鱼的数量之和,多者获胜。

3. 讨论与思考

通过几场比赛,你找到获胜的策略了吗? 谈谈你的感受。

 **话题争鸣**

有人说,工业文明强调GDP,生态文明则关注绿色GDP,两者区别何在? 试查阅有关资料进行讨论。

党的十七大报告首次提出生态文明,将生态建设放到一个文明的高度,"建设生态文明,基本形成节约能源资源和保护生态环境的产业结构、增长方式、消费模式"。报告还强调,要使"生态文明观念在全社会牢固树立"。这说明我国在加快社会经济发展的同时,把保护好生态环境,建立与自然和谐相处关系,建设生态文明,提到了新的历史高度。建设生态文明,基本形成节约能源资源和保护生态环境的产业结构、增长方式、消费模式,体现的是科学发展与可持续发展范式的构建,反映的是对生态文明的追求。

**链接**　　　　　　　　　　**抛弃黑色文明,致力生态文明**

这两种文明模式的区别很明显,在黑色文明的模式中,生产者对环境、人体健康,乃至整个自然生态都造成了很严重的危害,是不可持续的,故黑色文明的模式最后只能给人类带来灾难,之所以把它叫做黑色文明,也就是说人类未来也将是一片黑暗,没有生存的希望。

在生态文明的模式中,它不仅仅是一个环境的模式,实际上是一种经济效率模式,即人们使用资源的效率,是要为环境保护和可持续发展承担一定的社会责任。因此这不是一种选择,而是我们必须要做的,必须要走的一条路。生态文明将给我们带来光明的前景。

对于每一个人或一代人来说，我们的时间都是有限的，在有限的时间里，我们需要对社会经济模式做出根本性的改变。这个改变是为了实现经济、社会和环境的协调发展。没有人能说出最终实现这个目标的准确时间。中国经济在未来十年到三十年里将会增长三倍到四倍，国家应该在这个经济发展过程中实现绿色发展模式，如果过了这个经济发展阶段再来讲绿色发展模式就太晚了。我们应立刻确定方向。在这方面，任何的拖延都会影响我们最终实现这个目标，所以当前是实现我们生态文明和绿色发展模式的关键时期。

**话题争鸣**

一跨国公司欲在一大城市的周围购买5公顷耕地，建设新兴工业生产基地。你代表政府和农民的利益，如何从可持续发展的角度评价这块土地资源的价值？在与外商的谈判中如何阐述你的观点？

# 2. 践行绿色生活

## ◆ 绿色生活

"绿色"在今天已经不是一个新鲜词儿了，但真正了解"绿色"含义的人却不多。

人们多半认为绿色生活是理论，是少数人的事。其实，"绿色生活"是一种科学、健康、简朴的生活方式。这种生活方式是一种体贴自然、善待自然的生活方式。这种生活方式是由人们关心环境和自然的态度造就的。

**链接**

### 绿 色 生 活

"绿色生活"是指从本身做起，带动家庭，推动社会，改变以往不恰当的生活方式与消费模式，重新创造一种有利于保护环境、节约资源、保护生态平衡的生活方式与行动，是道德高尚、行为文明的体现。绿色生活是新世纪的信息，它引导着企业界去发展绿色技术与清洁生产；绿色生活是新世纪的要求，它鼓励政治家去承担人类可持续发展的责任；绿色生活是新世纪的时尚，它体现着一个人的文明与素养，也标志着一个民族的素质与力量。

## ◆ 做绿色生活的实践者

绿色生活不是一句时髦的口号，而是一种长期的实践，一种科学、健康、简朴，同时也有利于环境的生活，每个人都能成为绿色生活的实践者。

☆ 绿色消费

绿色消费包括的内容非常宽泛，不仅包括购买和使用绿色产品，还包括物资的回收利用、能源的有效使用、对生存环境和物种的保护等，可以说涵盖了生产行为、消费行为的方方面面。

## 链接

### 绿 色 消 费

绿色消费，也称可持续消费，是指一种以适度节制消费，避免或减少对环境的破坏，崇尚自然和保护生态等为特征的新型消费行为和过程。绿色消费符合"3E"和"3R"，即：经济实惠（Economic），生态效益（Ecological），符合平等、人道（Equitable），减少非必要的消费（Reduce），重复使用（Reuse）和再生利用（Recycle）。绿色消费已经得到国际社会的广泛认同。国际消费者联合会从1997年开始，连续开展了以"可持续发展和绿色消费"为主题的活动，中国国家环境保护总局等6个部门在1999年启动了以开辟绿色通道、培育绿色市场、提倡绿色消费为主要内容的"三绿工程"，中国消费者协会把2001年定为"绿色消费主题年"，日本于2001年4月颁布了《绿色购买法》。类似的活动正在全球兴起，它们推动着绿色消费进入更多人的生活。

☆ 绿色居家

时下，人们倾心追求的绿色理念和行为，已逐渐深入人心。绿色设计、绿色家装、绿色家具等更是大行其道。回归自然、关注健康，是人类面临的重大课题和强烈愿望。

## 数据库

使用具有节能功能的洗衣机能节电50%，节水60%，折算下来，每台洗衣机每年可节能约3.7千克标准煤，相应减少二氧化碳9.4千克。

人们每减少使用0.1立方米装修用的木材，便可以节能约25千克标准煤，减排二氧化碳约64.3千克。若全国每年有2 000万户左右的家庭装修能做到这一点，那么可节能约50万吨标准煤，减排二氧化碳129万吨。

☆ 绿色饰材

绿色饰材是以环境保护为宗旨设计生产的无毒、无害、无污染的装饰材料，是国家环保部门指定机构根据环保标准对产品确认、颁证的产品。如环保复合木地板，其硬度、强度、耐磨度、抗变形、阻燃、防水、防虫、抗静电等指标均大大超过原木地板。国际消协正呼吁各国环保部门规范使用绿色环保产品标识，这将对规范市场、保护消费者权益起到积极的作用。

☆ 绿色家具

绿色家具是指基本上不散发有害物质的家具。主要类型包括：原木系列家具，不上漆,仅以天然蜡抛光,既保留了天然纹理又不污染环境;科技木家具、高纤板家具、纸家具系列,不含损害人体的有毒成分;未经漂染的牛、羊、猪等皮张制作的家具;以藤、竹等天然材料制作的椅、沙发、茶几等家具;以不锈钢、玻璃、钛金属板等材料制作的家具。

☆ 绿色照明

从20世纪90年代开始兴起和推广,以节约资源、保护环境、高效安全为目的生产的照明设施,具有十分科学和光明的前景。目前市场上大量具有健康、舒适、环保、方便、寿命长等特点的电子感应灯、红外线遥控灯、光导纤维灯等节能灯被大量推广使用。不少装修户已把绿色照明列入家装设计中。

☆ 绿色植物

当一定量的绿色植物成为家装设计和实施的有机组成部分,并逐渐步入养护的良性轨道以后,那是一种多么令人惬意的意境。这不但是人类一种本能的渴求和向往,更是一种关注健康的环保举措。据了解,许多植物在阳台甚至在光照不佳的室内也能生长良好,如龟背竹、棕竹、文竹、巴西木等。当你与绿色植物相依相伴时,可以获得身心的释放和身体的健康。

科研人员研究发现有些花卉能吸收空气中一定浓度的二氧化硫、氮氧化物、甲醛、氯化氢等有毒气体——

茶花、仙客来、紫罗兰、晚香玉、凤仙花、牵牛花、石竹、唐菖蒲等可通过叶片吸收毒性很强的二氧化硫,经过氧化作用将其转化为无毒或低毒性的硫酸盐等物质。

茉莉、丁香、金银花、牵牛花等花卉分泌出来的杀菌素能够杀死空气中的某些细菌,抑制结核、痢疾病原体和伤寒病菌的生长。使室内空气清洁卫生。

水仙、紫茉莉、菊花、鸡冠花、一串红、虎耳草等能将氰氧化物转化为植物细胞的蛋白质等。

吊兰、芦荟、虎尾兰能大量吸收室内甲醛等污染物质,清除并防止室内空气污染。

晚上居室内放有仙人掌,就可补充氧气,利于睡眠。

哪些花卉能净化室内空气?

**STS**

**有些花卉不适宜在室内种养**

如今许多家庭在室内养花,在净化空气的同时,也令居家环境变得舒适,但花卉也具有"两面性",有的花卉可能在室内给你的生活带来一定危害,请查阅有关资料,结合自家的花卉,看看哪些花卉不适宜在室内种养?

 **STS**

**寻找绿色家庭**

最近,中华环保联合会正在全国范围内启动一项"寻找绿色家庭"的活动,谁家最环保,就能作为范本被制作成环保案例面向全社会推广。我们能否也来个绿色家庭方案设计大比拼呢?

☆ **绿色学校**

绿色学校是指在实现其基本教育功能的基础上,以可持续发展思想为指导,在学校全面的日常管理工作中纳入有益于环境的管理措施,并持续不断地改进,充分利用学校内外的一切资源和机会全面提高师生环境素养的学校。

绿色学校在1996年《全国环境宣传教育行动纲要》中首次提出。它强调将环境意识和行动贯穿于学校的管理、教育、教学和建设的整体性活动中,引导师生关注环境问题,让青少年在受教育、学知识、长身体的同时,树立热爱大自然、保护地球家园的高尚情操和对环境负责任的良好思维品质;掌握基本的环境科学知识,懂得人与自然要和谐相处的基本理念;学会如何从自己开始,从身边的小事做起,积极参与保护环境的行动,孕育可持续发展思想萌芽;让学校里所有的师生从关心学校环境到关心周围、关心社会、关心国家、关心世界,并在教育和学习中学会创新并积极实践。这一活动不仅能带动教师和学生的家庭,还能通过家庭带动社区,通过社区又带动公民更广泛地参与保护环境的行动。它不仅成为学校实施素质教育的重要载体,而且也逐渐成为新形势下环境教育的一种有效方式。

## STS　　　　　设计绿色小卫士活动方案

宗旨：创建绿色校园，展示绿色风采，通过引导大家从身边做起，从细节入手，实践我们的绿色承诺。

宣传口号：让绿色永远立于不败之地。

内容：设计符合推进本校绿色学校创建和深化的绿色活动，并进行方案的展示、评估与实施。

其实，我们每个人都是人类社会与自然环境的接口，保护环境、拯救地球的事业就在我们的生活细节中。为了我们的子孙后代，让我们的绿色生活从点滴开始，从身边小事开始做起。这些看上去微不足道的小事，恰是每个人绿色生活的可贵实践活动。

## STS　　　　　《保护环境随手可做的100件小事》

有个叫刘兵的作者，编撰了一本书，书名叫《保护环境随手可做的100件小事》。小林同学想买这本书，你能帮他想想办法吗？若每件小事做到可以得1分，那么你能否对照一下书中倡导的实践活动，看看你能得多少分？从中你得到哪些启发？请对你的绿色生活进行必要的评价。

# 3. 节约即时尚

◆ 节约用纸

我国纸张消费数量惊人，除大量消耗本国森林资源外，每年进口纸浆和纸张的数量也非常巨大。现代文明社会不能不使用纸张，但在许多日常工作、生活中，我们完全可以做到节约用纸。

◎ 珍惜纸张。尽量不使用奢华昂贵的印刷纸张，提倡使用再生纸；纸张尽量双面使用，背面可做便笺、草稿纸；包装纸、包装盒重复使用；旧信封可用来装资料，旧纸袋重复使用；尽量在电脑上改文章，积极开发局域网，实现"无纸化办公"。

◎ 减卡救树。统计数据表明，每制作4 000张贺卡，大约要一棵30年树龄的树木。为此，建议改变一下表达祝福的方式，尝试用打电话、发邮件、电子贺卡或短信等形式，也可以来个DIY，用废纸或其他材料来制作贺卡，新颖、别致、情真意切。非买不可的话，简单、朴素、小巧的风格应优先选择，而用再生纸印刷的贺卡更是首选。

提倡使用再生纸。

### 一 叶 传 情

杭州在校大学生隆重推出了"一叶传情"活动，同学们将落叶作为信物、二手纸张作为信封，用来传达同学、友人之间的友情。

### 数据库

如果全上海160万中小学生每人节省一张练习簿纸，总共就能节约纸张3.2吨，节煤4.16吨。2007年10月，复旦大学附属中学发出"创建节约型校园"倡议书，每位学生用起了由该校高三学生王如珺设计的已成功申请了国家实用新型专利的环保型练习簿。

### STS　　　　餐巾纸的利与弊

辩论：以"使用餐巾纸利大于弊"展开全校性的辩论与征文活动。至于辩论方式，可以采用中英结合的方式，在增加环保意识的同时提高英语口语能力。

## 让节约成为时尚的廖晓义

廖晓义当选为"CCTV2005中国经济年度人物"时,说了这样一句话:"让节约成为时尚,让公益成为风尚。"

"我觉得,节约与公益是支撑我们中华民族绵延发展、生生不息的基石,也是支撑社会和谐稳定的基石。"她认为:"中国的人口密度这么大,人均资源这么少,如果不节约,大家都按美国那种生活方式消费,无疑是把自己的根基毁了。若大家没有公益的心,都是利己主义、人害人,在这个社会生活又有什么意义? 这个社会发展又有什么意义? 公益应当是民族良心的一种表达。""现在几乎谁都不能否认以汽车为标志的美国文化正在渗入和统治我们的生活,私车、私房梦,美国式的空调病,美国式的娱乐和奢华消费……"廖晓义说:"可是,并不是每个人都很清楚,美国是一个人口只有中国1/5、人均资源5倍于中国的国家,是一个靠各种手段来获取世界有限资源的国家,是一个温室气体排放排名世界第一,而不愿在《京都议定书》上签字的国家。"她认为,现在威胁中国未来文化和生态最大的危险除了低效率和高耗能的生产方式外,就是美国的高消耗生活方式。

廖晓义认为,绿色生活是一种绿色时尚,其核心是适度消费,尽量缩小自己的生态脚印,减少环境代价。

廖晓义从来不吃野生动物,不用野生动物制作的用品。有一次,药店工作人员向她推荐含麝香的一种药,据说很有效。但是考虑到环保,她选择了一种不含麝香、作用稍差的药。

她坚信:另一种生活是可能的!

## 廖晓义倡导的绿色时尚生活方式

◎ 节约资源,适度消费(Reduce):节约每一滴水,使用无磷洗衣粉,减少水污染;以公交族和自行车族为荣,推动政府的公交发展战略,以最少的车运送最多的人,可以减少温室气体的排放;少用空调,夏日空调不低于26摄氏度,使用节能灯,可以节省75%的能源消耗。

◎ 绿色选购,品质消费(Reevaluate):把手中的钞票变成绿色的选票,选购环保产品,支持环保产业的发展。

◎ 废物减量,复用消费(Reuse):尽量少用一次性制品,节约地球资源,同时减少垃圾的生产量。尤其是节假日,对于中秋月饼、节日礼品的过度包装说"不"。

◎ 垃圾分类,循环消费(Recycle):垃圾分类投放,把消费的终点变成下一次消费的起点。

◎ 保护自然，人文消费（Rescue）：不吃野生动物、不用野生动物制品，植绿护绿，
保护原生生态。

### 数据库

据介绍，日本人煮蛋是用一个长宽高各4厘米的特制容器，放进鸡蛋，加水50毫升，点火后1分钟把水煮开，3分钟后熄火，再利用余热3分钟把鸡蛋煮熟，整个过程耗时7分钟。而中国人煮鸡蛋的习惯做法是首先打开炉具点火，接水250毫升坐锅，放进鸡蛋，3分钟水开，再煮10分钟等鸡蛋煮熟灭火。两相比较，前者节水4／5，节省燃料近2／3，效率却提高近1倍。

### 思考

想一想：你的早餐吃煮鸡蛋吗？是怎么煮的？同样是煮熟一个鸡蛋，差别为何如此巨大呢？

找一找：找出在我们身边，通过优化过程，可以达到节约资源的事例。

### 韩国人爱环保讲节约

"亚洲四小龙"之一的韩国，不仅让我们感受到她的繁荣富裕，更让我们深刻地感受到韩国人的环保和节约。

宾馆里没有一次性的牙刷牙膏，饭馆里没有一次性的筷子，而是耐用、带光泽的不锈钢筷子和勺子。韩国的钢质量高，耐用性强，世界排名第二，一副正宗的不锈钢餐具可以用上一辈子也不会失去光泽。用钢制餐具代替一次性的餐具，不仅增加了经济收入，而且减少了资源的浪费、环境的污染。韩国人的环保远远不止这些，他们的环保已经武装到了牙签。在韩国你用到的不是一根根木制的牙签，而是一根根绿色牙签。它们是用淀粉制成的，遇水不化还能吃，质地一点也不比木制的差，而且也不伤牙。垃圾不能乱扔，得向政府购买垃圾袋，超市里的购物袋也得花钱购买，要不就自带口袋。在餐厅用餐也尽量不要浪费食物。

失之毫厘，差之千里。小事也能见大道理，财富也许就是这么一点点积累起来的。有时就是国民生活态度、文明意识那么一点点的不同，使整个国家经济差距越来越大。韩国人的环保节约观就应该值得我们中国人学习。

### 思考

看了上述报道，我们能从中得到什么启发呢？

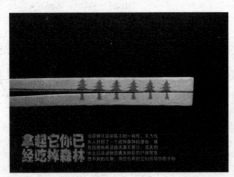

一次性卫生筷，就能体现环保和节约？

# 4. 做环境友好型公民

党的十八届三中全会提出，紧紧围绕建设美丽中国，深化生态文明体制改革，加强建立生态文明制度。而要实现这一目标，关键在于通过各种途径，倡导绿色文明，最终使每个公民具有良好的环境道德观念，这也是使我国真正实现可持续发展的唯一办法。

纵观各种环境问题，皆源于人，特别是个人无组织的行为。为了挽救地球所面临的困境，每个人应该时刻不忘保护环境的责任，以加强环境保护方面的自我教育，提高环境保护的自觉性。从自身做起，从小事做起，从现在做起，是环保取得实效的根本。

◆ 改变以个人为中心的价值取向

遵循人与自然和谐共处的思想，保护赖以生存的环境。

◆ 提高个人环境素质，加强环境意识

养成良好的环境道德习惯和绿色文明。不在建筑物上乱涂乱画乱贴，自觉美化环境，如植树养花、爱护一草一木，努力创造一个清洁、宁静、优美的生活环境和工作环境。

**链接**

**环保意识强　回收废品自动化**

瑞典人极其热爱花草，每天下班回家时，去超市或花市买一些鲜花是必不可少的任务。在瑞典，随处可见绿地、森林和湖泊，还有不少野生动物自由穿行在城市的道路之中。

　　国家和环保部门在垃圾的回收利用方式上也很用心。瑞典的部分饮料瓶和金属罐是可以回收的，厂家在生产时就会在瓶身上印制出价格不等的回收金额，人们喝完饮料之后，只要把空瓶带到指定地点的回收站或将饮料瓶扔进电子回收机器的圆孔，机器就会自动扫描出回收价格。消费者只需按下按钮，就会打印出总的回收金额的收据，拿着收据找到附近的超市，从收银员那里可以拿到退瓶的钱。

## 请降低您的声响

　　经过近几年的大力治理，上海河道水环境和城市大气环境的质量都有了明显改善，但是，在各部门大力监管下，看不见摸不着的城市声环境状况却仍然不容乐观。根据"2005年中国环境状况公报"的数据，上海城市交通噪声平均等效声级仍处于47个重点城市的最末一位，而区域环境噪声等效声级则继续下滑到了倒数第3位。

　　据监测，目前上海城市道路交通噪声超标严重，夜间80%以上道路存在超标现象，其中高架道路、轨道交通等的交通噪声较为突出。对居民生活影响更大的是区域环境噪声，根据国家标准，居民区的标准应该在50分贝到40分贝，居民工商混合区在55分贝到45分贝，但能达到标准的小区少之又少。建筑工地噪声依然是当前的投诉重点，而餐饮、商店、文化娱乐场所产生的噪声扰民也呈现出上升趋势。

### 思考

　　目前，上海最突出的环境噪声污染主要表现在哪些方面？

　　根据案例列举的现象，你认为造成城市声环境质量问题的关键原因是什么？

　　目前，上海实施汽车禁鸣喇叭的治理措施，你为此应该做些什么呢？

　　宁静、安逸的环境会给我们的生活带来情趣，没有噪声的空间充满温馨。去掉噪声这个不和谐的音符，是展开新生活的开始，以平和、清新、绿色世界的新姿态、新气息迎接未来。

最需要安静的地方之一。

 **数据库**

**国际标准组织提出的环境噪声标准**

（单位：分贝（dB））

| 寝 室 | 生 活 室 | 办 公 室 | 工 厂 |
|---|---|---|---|
| 20~50 | 30~60 | 25~60 | 70~75 |

**链 接**

## 噪声的测定

应用噪声计可以有效测定当地、当时的声音强度。根据国家规定的噪声控制标准，可以判断是否"超标"。

安置在居民小区里的噪声监测器。

城市道路旁的交通噪声监测仪。

 **STS** 　　　**火车鸣笛声可以预报天气吗?**

杭州市有一位中学生，发现阴雨天传来的火车鸣笛声传得既清晰又响亮，他经过多次观察与测定，发现了阴雨天气中因为空气湿度增大而使得声音传播速度增大，而且声音强度减弱较小的原理。于是，他提出可以根据听到火车鸣笛声来预报天气，结果有好几次的预报是成功的。

评论一下上述的课题研究是否符合科学性？

如果你也要设计观察现象与测定数据的话，需要用哪些仪器？采取哪些步骤？

## STS

运用噪声计监测交通路口的噪声。每隔5秒记录一个声级数值，连续记录200个数据，将测得的数据由大到小依次排列，得出 $L_{10}$、$L_{50}$ 和 $L_{90}$，用公式

$$L_{ep} = L_{50} + (L_{10} - L_{90})/60,$$

求出测试点的等效声级 $L_{ep}$。

## 思考

为了使测得的数据更为科学有效，请列出在用噪声计监测时应该注意的事项。

手持式噪声计。

**城市区域环境噪声标准（GB3096-82）**

| 类　别 | 噪　声　标　准 | | 适　用　区　域 |
|:---:|:---:|:---:|:---:|
| | 白昼（分贝） | 夜晚（分贝） | |
| 0 | 45 | 35 | 特殊安静区 |
| 1 | 50 | 40 | 居民文教区 |
| 2 | 55 | 45 | 居民混杂区 |
| 3 | 65 | 55 | 工业区 |
| 4 | 70 | 55 | 交通干线区 |

## STS

## 噪声扰邻里

我国南方有些城市已经出台噪声污染防治条例,在家里使用音响设备和演奏乐器、举办家庭娱乐活动所发出的噪声不能影响周围居民。因房屋相邻一方由于喧哗、音响、震动等原因产生噪声而影响相邻的另一方生活的,被侵害一方有权要求停止喧哗、减低音响、避免震动;侵害方有义务停止侵害,防止噪音的产生。对于在生产、生活中排放环境噪声超过国家规定的环境噪声标准、严重干扰相邻工作、学习、生活及其他正常活动的,还可根据《中华人民共和国环境噪声污染防治条例》的规定,由公安机关给予治安管理处罚。

举办家庭聚会就是图个能尽兴,但尽兴可能会侵扰邻居。能不能做到两全其美呢?

如果碰到不遵守噪声污染防治条例的邻居该怎么办?举报邻居会不会影响和睦的邻里关系?

检查一下自己,有没有在不经意间产生噪声而影响别人的时候和事情?

### 链接

### 人人动手 创建安静环境

专家认为,我们可以采取一些措施隔绝噪声:

在家中安装双层玻璃窗,这样可将外来噪声减低一半,特别是临街的房子,隔声效果比较理想。多用布艺装饰和软性装饰。布艺产品的吸音效果是众所周知的,而众多布艺产品中以窗帘的隔音作用最为重要。要注意室内不同功能房间的封闭,而且墙壁不宜过于光滑,否则任何声音都会产生回响,从而增大噪音。

家用电器要选择质量好、噪声小的,尤其是高频立体声音响的音量一定要控制在70分贝以下。尽量不要把家用电器集于一室,冰箱最好不要放在卧室,尽量避免各种家用电器同时使用。

年轻的父母平时要尽量避免婴幼儿接触燃放爆竹、高音喇叭、电钻等高噪音环境,少让孩子玩音量高的玩具。

医学家和营养学家认为,多吃含维生素B1、B2、B6和维生素C的食物及补充优质蛋白质,对受噪声影响的人体有保护作用,并有助于提高人在噪声环境中学习、工作的耐受力,减轻精神紧张和疲劳。日常生活中,维生素B1、B2、B6主要来源于各种粗粮、花生、大豆及其制品、蛋黄以及动物内脏,如肝、心、肾等;维生素C主要来源于水果,如山楂、鲜枣、橙、柠檬以及各种新鲜绿叶菜;蛋白质主要存在于动物性食物中,如肉、鱼、蛋、乳等,其中所含的人体必需的氨基酸种类齐全、数量充足、相互间的比例也很适当,为优质蛋白质。

遇到噪声污染的情况也可进行室内噪音检测,然后根据污染源采取相应的措施。

**思考**

创建安静小区的基础是相关的法律、法规，但最重要的是什么呢？

## ◆ 改变生活方式，由高消费转化为可持续发展模式

**链接**

### "小题大做"中看修养

一次，A君赴海外公干，在波恩请一位德国朋友B吃饭。饭毕，A君将剔完菜渣肉屑的牙签丢在碟子中。谁知B却不是这样，他剔完牙后，把牙签折为三小截，用自己的手帕包好，放进公文包里。

何以如此？ A君大惑不解，一脸惊愕。原来，B是想把牙签带回家，放到粉碎机里粉碎，且郑重其事地说道："牙签像针尖一样锋利，扔进盘碟中，服务员将其倒进垃圾袋里，就有可能把垃圾袋戳出小窟窿，袋里的东西就会漏溢出来，弄脏环境；牙签被卷在残菜中，一旦被饿极了的狗呀猫的吃了，会卡住喉咙，那就不道德了；另外还有一种可能，如果清洁员不小心碰到牙签尖锐处，手指被刺破流血，不及时进行处理，会感染细菌……"B的这番言语，使人肃然起敬。

**思考**

对德国人的这种"小题大做"，你有何想法？ 对你今后的日常生活有何启发？

生态城市——德国弗莱堡。

## ◆ 控制生活垃圾,减少白色污染

**链接**

### 提环保袋购物

　　从麦德龙到宜家家居,沪上越来越多的零售企业开始注重培养消费者"提着环保袋购物"的理念,而上海市民对此的接受度也在逐步提升。上海的商家正想通过"时尚＋环保"的组合方式来"推销"环保购物袋,不过与巨大的塑料袋消费量相比,环保袋群体还显得很"弱小"。

**声音**

　　"尽管也曾经使用过环保袋,但一是发现带来带去很麻烦,经常忘记,最后不得不仍旧使用塑料袋;二是发现有些生鲜食品像鱼类、肉类容易弄脏购物袋,还是用塑料袋分类装比较方便,于是我最后放弃了使用环保袋"。

——下班后到大卖场购物的白领王先生说

　　环保人士认为,不论环保袋显得多么时尚,推行它最重要的目的还是减少塑料袋的使用量,而非使它成为一个时髦手袋,因而,包括商家、消费者在内都应该致力于培养重复使用购物袋的习惯。

**链接**

### 丽江没有塑料袋

　　当你在丽江大研古城游览之余,去当地的新华书店购买旅游书籍,营业员不会给你装书的塑料袋,而只是给你一张旧报纸包书。其实,丽江是环保城市,为保护生态平衡,为维护历史名城的美名,不允许使用塑料袋。在古城,旅游景点都没有见到有使用的,就连菜场也真的没有人用塑料袋,每个人都是用自己自备的各式手提袋。偶尔在宾馆里发现一只塑料袋,但是袋口上明显写着:"此袋由可分解物体制造,请循环反复使用……"丽江纳西族人买菜用的都是背篓,买米用的是布袋子。在这个有30万人的小镇,有如此高的环保意识,可见政府的决心。

**话题争鸣**

　　购物袋,用纸的,还是塑料的?甚至一些环保人士也对这个简单的选择感到困惑。因为纸袋的原材料是木材,塑料袋的原材料是石油。为美国人生产每年要用的购物袋,需要消耗1 400万棵树,或者1 200万桶石油。与塑料袋相比,生产纸袋带来的空气污染要高70%，所需能量要多4倍，带来的水污染物更要高50多倍，并且2 000只塑料袋约重30磅，2 000只纸袋约重280磅，废弃不用的纸袋会占据更大的掩埋空间。但是，塑料袋一旦生产出来就很难自然降解，它们可以存在几百年。在美国沿海地区，塑料袋是最常见的10种垃圾之一。

那么，纸袋、塑料袋，使用什么更环保呢？说说理由。

## ◆ 提倡购买和使用生态标志产品

### 环 境 标 志

环境标志是指由政府部门或公共、私人团体依据一定的环境标准向有关企业颁发证书，证明其产品的生产使用及处置过程全部符合环保要求，对环境无害或危害极少，同时有利于资源再生和回收利用。

环境标志工作一般由政府授权给环保机构。环境标志具有权威性、专证性、时限性和比例限制性等特点。通常列入环境标志的产品的类型为节水节能型、可再生利用型、清洁工艺型、低污染型、可生物降解型、低能耗型。

环境标志制度发展迅速，从1977年开始至今已有20多个发达国家和10多个发展中国家实施这一制度，这一数目还在不断增加。

部分国家的环境标志，从左向右依次为：中国的环境标志，加拿大的环境选择方案，美国的绿色签章制度，德国的蓝色天使制度。

中国的环境标志图形由青山、绿水、太阳和10个环组成。中心结构表示人类赖以生存的环境，外围的10个环紧密结合，表示公众参与，其寓意为"全民联合起来，共同保护人类赖以生存的环境"。

### STS　　　　　我国的环保标志

熟悉中国环境标志的含义，并收集我国有关环保的其他标志，如"节水标志"、"绿色食品"标志，越多越好，并能解释其含义。可能的话，还可以设计一些环境保护方面的标志。

◆ 珍惜和保护野生动植物

**绿色人物**

### 珍·古道尔广植"根与芽"

拯救濒危大猩猩的珍·古道尔。

珍·古道尔,英国人,是野生动物学家和国际环境教育专家。1960年夏,26岁的珍·古道尔深入非洲密林,去探寻一种神秘的动物——黑猩猩,并成为黑猩猩最忠实的朋友和最坚定的同盟者。1991年2月,"根与芽"活动开始在世界范围内推行。1998年珍妮第一次到中国推行"根与芽"活动。到今天"根与芽"已发展成为在50多个国家注册的1 000多个团体。 2002年她被任命为"联合国和平使者"。珍·古道尔研究所在非洲开展的创新型保护和发展计划已得到广泛认可。她的全球"根茎"(Roots & Shoots)计划的主旨是鼓励青年人"你能改变世界",她支持了近百个国家和地区的数万年轻人开展帮助人类、动物和环境的项目。她一直通过多种方式帮助联合国关注环境问题。例如,她与联合国环境规划署/联合国教科文组织合作展开"大猩猩生存项目",帮助协调全球在拯救濒危大猩猩物种方面所做的努力。

**专家观点**

今天,您环保了吗?

环保的主力军,可是咱们老百姓,每天的点滴行动,可以帮助我们早日走向生态文明。

◎ 亲近大自然,爱护每一块绿地,积极参加植树活动。

◎ 改变不利于环境保护的饮食习惯,使用可再生的材料,制成工业生活用品。

◎ 关心并积极参与科技事业,使之成为改善环境状况的动力。

◎ 从事每一项活动前,充分考虑其对环境的影响,并采取预防措施。

◎ 动员周围的人为保护生态尽心尽力。

思考

就上述环境行为要求中,你在哪些方面做得不够,在哪些方面做得比较好?你认为还可以增加哪些方面的要求?

 STS

## 生态文明　从我做起

在4月22日"地球日"或6月5日"世界环境日"前后,举办一次以"生态文明　从我做起"为主题的班会,形式不论,但要求将创意书和与活动有关的素材收集整理成汇编资料。

成立校环境社团,宣传生态文明,开展绿色行动,热心环保探究。可以利用校广播台、电视台、网络等媒体,设立环保板块,每周定期介绍环保,使同学们了解更多的环保知识,形成环保理念。提供一个供同学们提意见和见解的绿色通道,同学们可以将发现的问题和举措及时反馈,由环保社团同学进行整理、发布和倡议实施。

**图书在版编目(CIP)数据**

环保:生存之道/杨士军,王德耀主编. —2 版. —上海:复旦大学出版社,2015.8
ISBN 978-7-309-11687-8

Ⅰ. 环… Ⅱ.①杨…②王… Ⅲ. 环境保护-青少年读物 Ⅳ. X-49

中国版本图书馆 CIP 数据核字(2015)第 180973 号

环保:生存之道(第二版)
杨士军 王德耀 主编
责任编辑/梁 玲

复旦大学出版社有限公司出版发行
上海市国权路 579 号 邮编:200433
网址:fupnet@ fudanpress.com http://www.fudanpress.com
门市零售:86-21-65642857 团体订购:86-21-65118853
外埠邮购:86-21-65109143
常熟市华顺印刷有限公司

开本 787×1092 1/16 印张 12.75 字数 230 千
2015 年 8 月第 2 版第 1 次印刷

ISBN 978-7-309-11687-8/X · 22
定价:29.00 元